图说中华水文化丛书

图说古代水利工程

◎王英华 杜龙江 邓俊 著

荆州府
公安县

《中华水文化书系》包括以下丛书：

《水文化教育读本丛书》
《图说中华水文化丛书》
《中华水文化专题丛书》

《图说中华水文化丛书》编委会

《图说古代水利工程》编写人员

王英华　杜龙江　邓　俊　著
吕　娟　主审

责任编辑：李　亮 LeeL@waterpub.com.cn
文字编辑：李　亮
美术编辑：李　菲
插图创作：北京智煜文化传媒有限公司

丛书各分册编写人员

弘扬先进水文化
推进治水兴水千秋伟业

——《中华水文化书系》总序

水是人类文明的源泉。我国是一个具有悠久治水传统的国家，在长期实践中，中华民族创造了巨大的物质和精神财富，形成了独特而丰富的水文化。这是中华文化和民族精神的重要组成，也是引领和推动水利事业发展的重要力量。面对当前波澜壮阔的水利改革发展实践，积极顺应时代发展要求和人民群众期盼，大力推进水文化建设，努力创造无愧于时代的先进水文化，既是一项紧迫工作，也是一项长期任务。

水利部党组高度重视水文化建设，近年来坚持从水利工作全局出发谋划水文化发展战略，着力把水文化建设与水利建设紧密结合起来，与培育发展水利行业文化紧密结合起来，与群众性宣传教育活动紧密结合起来，明确发展重点、搭建有效平台、突出行业特色，有力发挥了水文化对水利改革发展的支撑和保障作用。特别是 2011 年水利部出台《水文化建设规划纲要 (2011—2020 年)》，明确了新时期水文化建设的指导思想、基本原则和目标任务，勾画了进一步推动水文化繁荣发展的宏伟蓝图。

水文化建设是一项社会系统工程，落实好规划纲要各项部署要求，必须统筹协调各方力量，充分发挥各方优势，广泛汇聚各方智慧，形成共谋文化发展、共建文化兴水的强大合力。为抓紧落实规划纲要明确的编纂水文化丛书、开展水文化教育等任务，中国水利水电出版社在深入调研论证基础上，于 2012 年组织策划“中华水文化书系”大型图书出版选题，并获得了财政部资助。为推动项目顺利实施，水利部专门成立《中华水文化书系》编纂工作领导小组，启动了编纂工作。在编纂工作领导小组的组织领导下，在各有关部门和单位的鼎力支持下，在所有参与编纂人员的共同努力下，经过历时一年的艰辛付出，《中华水文化书系》终于编纂完成并即将付梓。

《中华水文化书系》包括《水文化教育读本丛书》《图说中华水文化丛书》《中华水文化专题丛书》三套丛书及相应的数字化产品，总计有 26 个分册，约 720 万字。《水文化教育读本丛书》分别面向小学、中学、大学、研究生和水利职工及社会大众等不同层面读者群，《图说中华水文化丛书》采用图文并茂形式对水文化知识进行了全面梳理，《中华水文化专题丛书》从理论层面分专题对传统水文化进行了深刻解读。三套丛书既有思想性、理论性、学术性，又兼顾了基础性、普及性、可读性，各自特色鲜明又在内容上相互补充，共同构成了较为系统的水文化理论研究体系、涵盖大中小学的水文化教材体系和普及社会公众的水文化知识传播体系。《中华水文化书系》作为水利部牵头组织实施的一项大型图书出版项目，是动员社会各界人士总结梳理、开发利用中华水文化成果的一次有益尝试，是水文化领域一项具有开创意义的基础性战略性工程。它的出版问世是水文化建设结出的丰硕成果，必将有力推动水文化教育走进学校课堂、水文化传播深入社会大众、水文化研究迈向更高层次，对促进水文化发展繁荣具有十分重要的意义。

文化是民族的血脉和灵魂。习近平总书记明确指出："一个国家、一个民族的强盛，总是以文化兴盛为支撑的，中华民族伟大复兴需要以中华文化发展繁荣为条件。"水文化建设是社会主义文化建设的重要组成部分，大力加强水文化建设，关系社会主义文化大发展大繁荣，关系治水兴水千秋伟业。我们要以《中华水文化书系》出版为契机，紧紧围绕建设社会主义文化强国、推动水利改革发展新跨越，认真践行“节水优先、空间均衡、系统治理、两手发力”新时期水利工作方针，不断加大水文化研究发掘和传播普及力度，继承弘扬优秀传统水文化，创新发展现代特色水文化，努力推出更多高质量、高品位、高水平的水文化产品，充分发挥先进水文化的教育启迪和激励凝聚功能，进一步深化和汇集全社会治水兴水共识，奋力谱写水利改革发展新篇章，为实现“两个一百年”奋斗目标和中华民族伟大复兴的中国梦提供更加坚实的水利支撑和保障。

是为序。

陈雷

2014年12月28日

《图说中华水文化丛书》序

古人说："水者，何也，万物之本原也，诸生之宗室也"(《管子》)；"太一生水。水反辅太一，是以成天。天反辅太一，是以成地"(《太一生水》)。又说："上善若水。水善利万物而不争，处众人之所恶，故几于道"(《老子·八章》)；"知者乐水，仁者乐山"(《论语·雍也》)。

水，是我们人类居住的地球上分布最广的一种物质，浮天载地，高高下下，无处不在。水是生命之源，是包括人类在内的万千生物赖以生存的物质基础。现代人经常仰望星空，不断叩问"哪个星球上有水？"因为有水的地方才会有生命的存在。"水生民，民生文，文生万象"。水养育了人类，它给万民带来的恩惠远远超过世间其他万物；同时，人类作为大自然的骄子，不但繁衍生息须臾离不开水，创造文化更少不了水的滋润和哺育。

文化者，人文教化之谓也，民族灵魂之光也。中华文明是地球上最古老、最灿烂的文明之一。中华本土文化源远流长，博大精深。考察中华民族文化的发展史，不难发现，水与我们这个民族文化的孕育、发展关系实在是太密切了，中华文化中的许多方面都有水文化的光芒在闪耀。比如，人们习惯把黄河称为中华民族的母亲河和中华文明的摇篮，在一定意义上道出了中华文化与水之关系的真谛。

水文化是一个非常古老而十分新颖的文化形态。说它非常古老，是因为自从在我们这个星球上有了人类的活动，有了人类与水打交道的"第一次"，就有了水文化；说它十分新颖，是因为在我国把水文化作为一种相对独立的文化形态提出来进行研究，是20世纪80年代末以后的事。

那么，何谓水文化呢？

水文化是指人类在劳动创造和繁衍生息过程中与水发生关系所生成的各种文化现象的总和，是民族文化以水为载体的文化集合体。而人水关系不但伴随着人类发展的始终，而且几乎涉及社会生活的各个方面，举凡经济、政治、科学、文学、艺术、宗教、民俗、体育、军事等各个领域，无不蕴含着丰富的水文化因子，因而水文化具有深厚的内涵和广阔的外延。

需要指出的是，文化是人类社会实践的产物，人是创造文化的主体。而水作为一种自然资源，自身并不能生成文化，只有当人类的生产生活与水发生了关系，人类有了利用水、治理水、节约水、保护水以及亲近水、观赏水等方面的活动，有了对水的认识和思考，才会产生文化。同时，水作为一种载体，通过打上人文的烙印即“人化”，可以构成十分丰富的文化资源，包括物质的——经过人工打造的水环境、水工程、水工具等；制度的——人们对水的利用、开发、治理、配置（分配）、节约、保护以及协调水与经济社会发展关系过程中所形成的法律法规、规程规范以及组织形态、管理体制、运行机制等；精神的——人类在与水打交道过程中创造的非物质性财富，包括水科学、水哲学、水文艺、水宗教等。与此同时，这些在人水关系中产生的特色鲜明、张力十足的文化成果，反过来又起到“化人”的作用——通过不断汲取水文化的养分，能滋润我们的心灵世界，培育我们“若水向善”“乐水进取”等方面的品格和情怀。

随着物质生活水平的大幅度提高，人们对精神文化的追求越来越强烈。水文化作为中华文化的重要组成部分，如何使之从神秘的殿堂中走出来，让广大民众了解和认知，也就成了一个大的问题。目前，水文化还是个方兴未艾的学科，有关理论和实践方面的书籍虽说也能摆一两个书柜，但大多因为表达过于“专业”，不太适应大众的口味和需求。有道是，曲高和寡。就水文化而言，深入深出，只有少数专家学者能消费得起，而大多数人则望着而却步，敬而远之，更遑论“家喻户晓，人人皆知”了。

但用什么方式把水文化表达出来，让“圈外人”都能看懂、理解，当然，如能在懂得、感悟的基础上会心一笑，那是再好不过了。思来想去，还是深入浅出最好，但如何走出水文化高高在上的“象牙塔”，做到平易亲和，生动活泼，让广大读者乐于接受呢？这需要智慧，需要创意。

好在中国水利水电出版社匠心独运，诸位编辑在思维碰撞、智慧对接中策划出“图说”——这种读者喜闻乐见的方式，来讲述人与水的故事；继而经过多位水文化学者和绘画专家的经之营之、辛勤耕耘，终于有了这套《图说水文化丛书》系列。要说明的是，尽管这套丛书有九册之多，但在水文化的宏大体系中，不过是冰山一角，管中窥豹。

在设计这套丛书的编写内容时，一方面，我们注意选择了水与人们生产生活关系最密切的命题，如衣食住行中的水文化、文学艺术中的水文化等，力求展示人水关系的丰富性和广泛性；另一方面，也选取了一些“形而上”的命题，如先秦诸子论水、治水与中华文明、中华水崇拜等，力求挖掘人水关系的深刻性和厚重性。在表达方式上，我们力求用通俗易懂的语言讲述人水关系的故事，强调知识性、趣味性、可读性的有机融合。至于书中的一幅幅精美的图画，则是为了让图片和文字相互陪衬，使内容更加生动形象，引人入胜，从而为读者打开一扇展现水文化丰采和魅力的窗口。

虽然我们就丛书编纂中的体例、风格、表述方式等有关问题进行了反复讨论，达成了共识，并力求“步调一致”，落到实处，但因整套丛书由多位作者完成，每个人的学养、文风和表达习惯不同，加之编写的时间比较仓促，不尽如人意的地方在所难免，敬请读者批评指正。

靳怀堾

2014 年 12 月 16 日

图解古代水利工程
感悟水利科技成就

——前言

中国特有的地理位置和自然环境决定了水利是中华民族生存、发展的必然选择。传说中的大禹治水掀开中华文明的第一页，此后历朝各代都非常重视水利建设，所谓“善治国者必善治水”。可以说，水利与中华文明同时起源，并贯穿于其整个发展进程中。五千年的水利建设历程，留下了大量具有重要价值的古代水利工程。这些古代水利工程不仅充分展现了中国水利建设的历程及其成就，还系统地体现了不同时期、不同区域的水利建设与政治、经济、社会、文化、环境和生态等方面的关系。

中国特定的自然条件、以农业为主的社会经济形式和源远流长的历史，形成了独特的水利科学与工程技术体系。古代水利工程及其科学技术一度处于世界领先地位，有的至今仍具有历史借鉴意义。如那些持续运行数百年甚至上千年、且至今仍在发挥效益的古代水利工程，其所在区域环境与生态往往也是最好的，这一事实表明，它们中蕴含着值得总结的规划设计理念、工程科学技术和运行管理方式等内容；古代水工建筑与水工构建中，往往也蕴含着丰富的环境和生态价值，可为今天的水利科技创新提供丰富的养分。

近代以来，西方科学技术突飞猛进，我国科学技术的发展相对滞后。许多仁人志士抱着“科学救国”的理念，跨出国门，学习西方先进的科学技术和文化，希望通过学习西方先进的水利科学技术来振兴中华水利。然而，在具体的治河实践过程中，他们深切地感受到，对于西方先进的水利科技，中国的水利工作者不能简单地照搬，必须结合中国的实际情况。著名水利专家李仪祉曾提出“用古人之经验，本科学之新识”的治河思想，在大力主张学习西方先进科学技术的同时，又倡导总结挖掘中国丰富的传统治水经验和教训。

新中国成立后，水利建设取得了很大的成就，但也曾有过失误。60 多年的治水实践使我们更加深刻地认识到，水利建设面对的是自然环境和人类社会的统一体。水利科学是自然科学与社会科学相结合的综合性学科。水利建设不单是一个工程技术问题，而是一个与社会、经济和环境等因素密切关联的具有复杂性的系统科学问题。水利规划与建设的合理与否直接影响到区域的生态环境和当地的经济社会发展。

历史的经验与教训告诉我们，在我国的水利建设过程中，引进国外的先进技术是必要的，但必须结合自身的条件和特点。这种特点蕴含在中国长达几千年的治水历史过程中。中国是世界唯一一个历史不曾断裂、文明具有持续性的古国，历朝各代，无论是官方政书，还是私人著述，都有关于水利和灾害的记录，水利资料序列长达几千年，这是祖先留给我们的极其丰富而又宝贵的历史遗产，也是我国所特有的、被其他国家羡慕不已的一笔莫大的财富。其中包括不同历史时期、不同区域的古代水利工程及其科学技术的记载。以图文并茂的形式，对这些古代水利工程进行介绍，可让我们在直观了解它们的同时，深切感悟中国古代水利工程的科技水平与成就。

本书首先依据工程的功能将古代水利工程分为 6 类，各类工程中选取具有重大历史价值和社会影响的，通过简要介绍其自然与社会历史背景、工程演变历程、工程概况、工程功能和效益、科技价值和历史地位等内容，展现中国水利建设历程及其主要成就，揭示水利建设与政治、经济、社会和环境等方面的关系。本书第二章由杜龙江撰写，第五章由邓俊撰写，其余各章均由王英华撰写。

作者

2014 年 12 月

目录

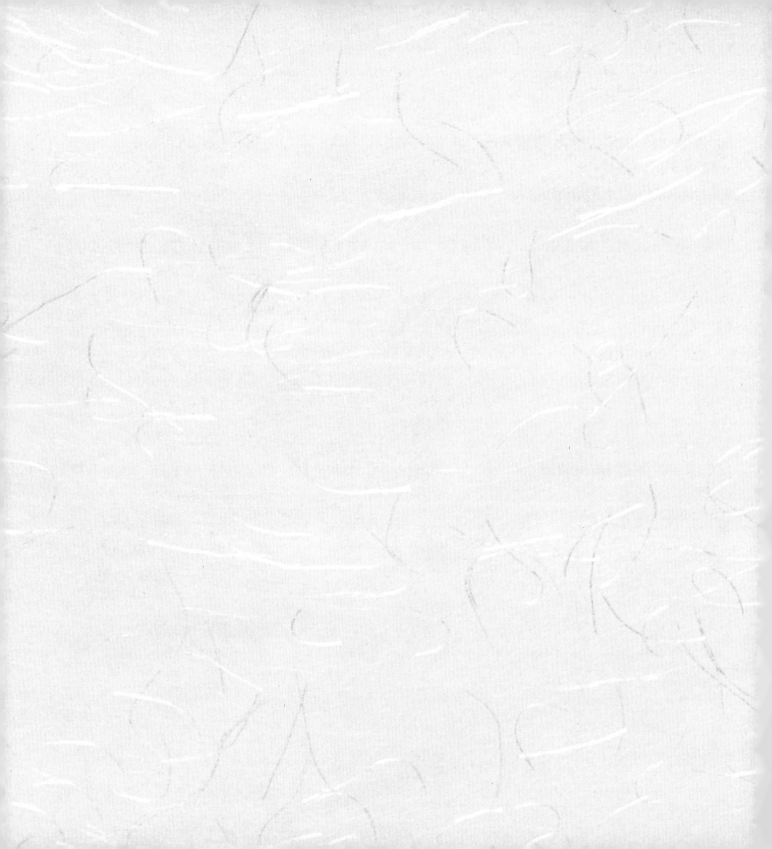

第一章 古代防洪工程

传说中的大禹治水掀开中华文明的第一页。相传约公元前21世纪，黄河流域发生特大洪水。聚居于黄河中游的部落只好登高躲避，后来在大禹的率领下用疏导的方式战胜了洪水。大禹因治水有功得以传位于其子启，中国第一个专制王朝——夏由此诞生。

至春秋战国时期，随着社会经济的发展，不能任由黄河在广袤平原上往返大幅度摆动，筑堤防洪应运而生。然而，筑堤后，大量泥沙堆积在下游河床，导致河床不断抬高，防洪条件恶化。自汉武帝开始，黄河下游频繁决溢。至西汉末年，在朝廷倡导下展开关于治河理论的辩论。其中，贾让治河三策最为著名。他认为完全靠堤防约束洪水的做法是下策；给洪水留足空间，有计划地避开洪泛区生产生活才是上策。此后直至隋唐时期，黄河安流800多年。

北宋时，黄河又开始频繁决口，危及北宋都城开封和交通命脉汴渠，埽工、堵口、护岸、河道裁弯取直、水准测量等水利技术随着朝廷对治河的重视迅速提高。这一时期，长江中游的宜昌、沙市、汉口等商业和交通重镇开始筑堤，是为荆江大堤之端绪。

1128年黄河南徙夺淮至1855年自河南铜瓦厢改道由大清河入海的700多年间，黄河、淮河和京杭运河交汇处的清口一带（今江苏淮安码头镇）成为重要的治理地区。洪泽湖大堤的建成使清口枢纽工程日趋完善，并促使黄淮分流，淮河主流越过洪泽湖高家堰，下经高邮、宝应诸湖归入长江，部分穿过淮南运河大堤经里下河地区入海。尽管里下河地区由此洪涝渍灾害频发，但确定了后代淮河下游治理和防洪工程的基础。束水攻沙，以堤治水的黄河大堤和蓄清刷黄的高家堰，以及持续400多年的引清刷黄、导淮归海、导淮入江工程体系和防洪调度，标志着古代防洪治河工程技术的最高成就。

一、古代堤防工程

古代防洪工程中，堤防是最主要的手段，历代兴筑不已，规模不断扩大，几乎遍及中国主要江河水系。其中，黄河大堤、长江荆江大堤和淮河洪泽湖大堤等最为著名。

夏禹（山东武氏祠汉代画像石拓片）

（一）黄河大堤

黄河大堤是中国历史上最早的防洪工程。

亿万年来，黄河挟带大量源于黄土高原的泥沙东流入海，在其下游冲积成肥沃的黄淮海平原。先民在此生息繁衍，并逐渐由渔猎生活进入农耕文明。黄河流域由此成为中华文明的发源地，黄河也是中国最早系统修筑堤防的江河。

山西龙门禹王庙

1. 大禹治水与黄河故道

黄河大堤由传说中的共工氏修筑。共工氏居住在黄河中游，汛期洪水时，为保护村落，搬来泥土石块，在离河一定距离的低处筑起一些简单堤防。这在当时人口和财产并不密集的条件下曾发挥过一定作用。由于善于治水，共工氏一族在各部落中声名卓著。在中国早期，水利官员称“共工”。

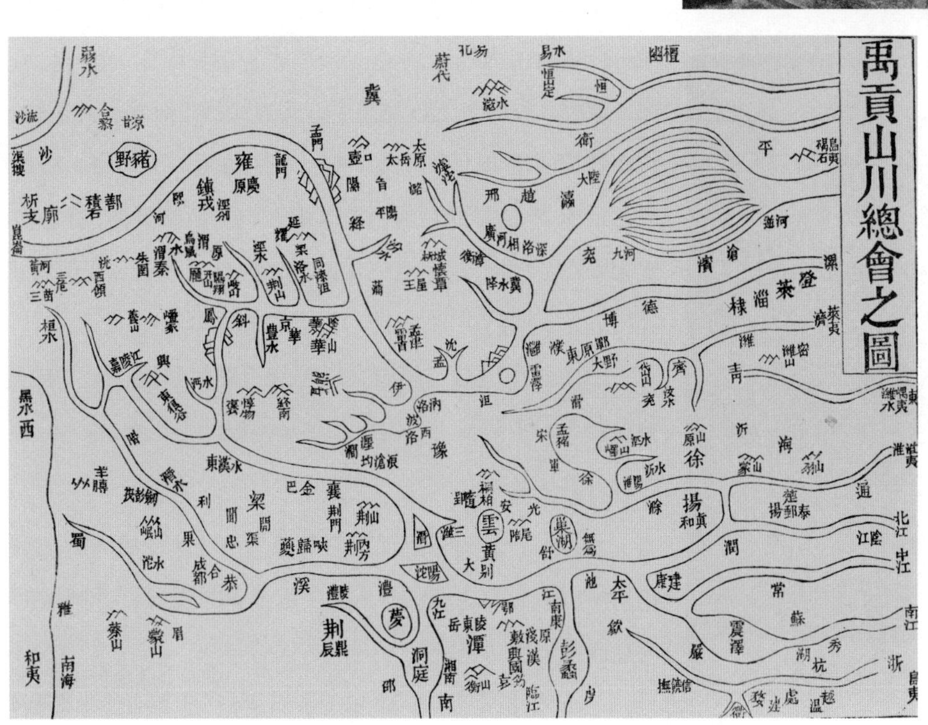

禹贡山川总会之图（毛晃《禹贡指南》）

尧、舜时期，发生世纪大洪水，“汤汤洪水方割，荡荡怀山襄陵”，尧命部落首领鲧治水。传说鲧从天庭偷来一种可无限滋生的土壤——“息壤”，试图通过筑堤阻水。但历时9年，水势依然，鲧则因窃取天庭之物而被处死。鲧被处死后，

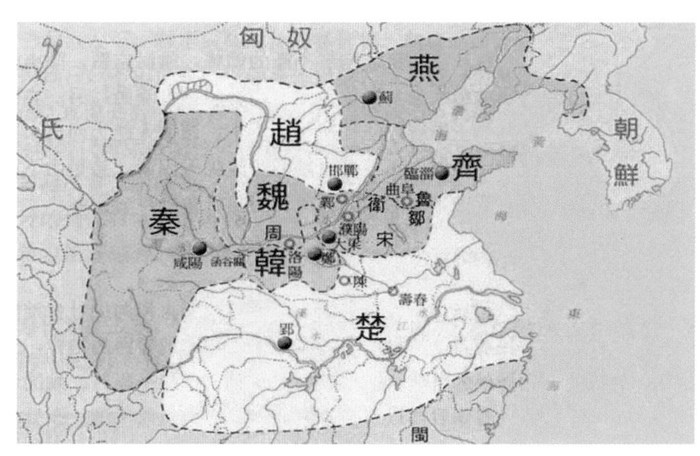

战国时期齐、赵、魏三国形势图

部落首领以其子禹主持治水。禹在总结鲧以“堵”为主而失败的教训基础上，采用“疏”的方法，疏通河道，排泄渍涝。经过长达 13 年的治理，洪水归槽，水患平息，人们从丘陵高地回到肥沃的平原。为颂念禹的治水功绩，后人尊称其为“大禹”，并将其疏浚的黄河下游河道称为“大禹故道”。治水成功后，传说禹曾将中国划分为九州。禹去世后传位于其子——启，夏朝建立，王位世袭制的封建专制国家由此开始。

2. 黄河大堤的创建

西周时，黄河流域已出现堤防，但主要集中在都城镐京（今陕西西安）和一些重要聚居区。

战国时期，黄河下游两岸平原地区逐渐成为人口密集的政治、经济和文化中心，不能再任由黄河大幅度摆动，系统堤防由此诞生。黄河干流大堤首先出现在齐、赵、魏三国。其中，齐国位于黄河东岸，实力最强，所筑堤防工程最长，规模最大。齐国筑堤后，洪水往往西泛位于黄河西岸的赵、魏两国，于是赵、魏也筑堤挡水，由此在三国境内形成相距约 25 公里的黄河两岸大堤。由于诸侯割据，各自为政，这一时期堤防工程的规格、堤距等都不相同，甚至有诸侯国为保护自己而通过堤防将洪水引向邻国，以邻为壑。此后，堤防成为黄河防洪的主要工具，历 2000 多年而不变。

秦始皇像

秦统一中国后，统一文字、货币和度量衡，又“决通川防，夷去险阻”，对不合理的堤防进行了调整，使堤防工程规格逐渐趋于统一。

3. 王景治河

西汉时，黄河下游逐渐成为地上河，决溢成灾的记载逐渐增多。关于黄河治理的议论纷出，有大改道说、分疏说、放任自然说等，并把黄河大堤险要段改建成石工，黄河大堤因此又称“金堤”。

王莽始建国三年（11 年）黄河决口，是为清代学者胡渭所谓的“黄河五大改道”（加上 1855 年铜瓦厢改道为“黄河六大改道”）之一。王莽召集学者数百人共商治河方略，其中较为著名的方略主要有：长水校尉关并的“水猥”说，即在今豫北、鲁西一带设滞洪区；大司马张戎的“以水刷沙”说，他认为黄河一石水六斗沙，非汛期应禁止灌溉以引水刷沙；待诏贾让则认为筑堤为下策，把太行山至黄河北堤间的居民迁出，为黄河让出行洪通道，即“不与水争地”方为上策。这些方略在此后的黄河治理过程中被采用并逐渐完善。

东汉永平十二年（69 年），王景主持治理黄河，在新河道两旁再次修筑系统堤防，同时建分水、减水水门，使黄河下游河道渐趋稳定。此后直至唐代的 800 年间，黄河决口次数明显减少。后人对王景治河评价极高，东汉人视之为“复禹弘业”，清人赞其使黄河“千年无患”。

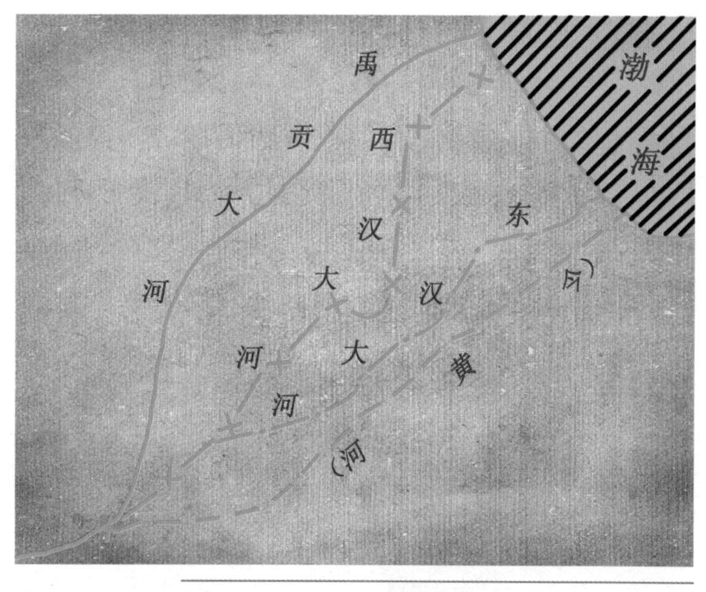

王景治河后黄河河线及其与禹河、西汉黄河河线比较图

4. 唐宋黄河大堤

唐末五代以来，黄河结束了所谓“安流八百年”的局面，河患日渐频繁。至北宋时期，黄河平均每 2.4 年就有一次大的决口。庆历八年（1048 年），黄河在澶州商胡改道北流。在此后约 40 年间，围绕着任由黄河北流还是回河东流的问题，上自皇帝，下至群臣，都卷入争论。在此期间，还曾三次大规模地实施挽河东流工程。然而，每一次挽河东流都以不久决口而告终，不仅造成极大的浪费，而且带来巨大的洪水灾害。最后，黄河仍然复归北流。

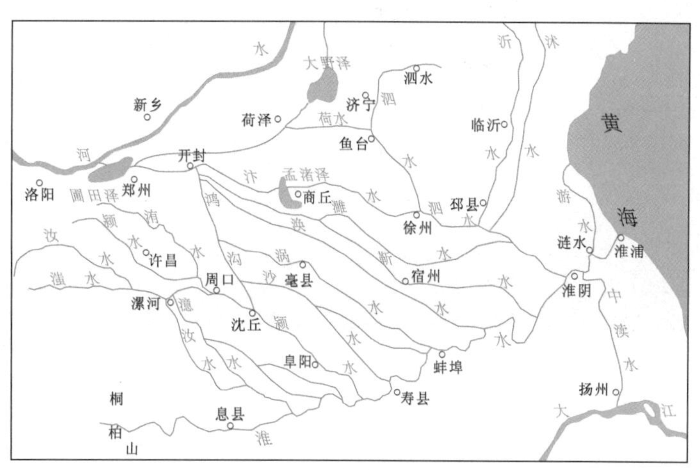

宋代黄河夺淮前黄河与淮水、运河关系示意图

随着河患的逐渐严重，宋代堤防修筑重点从大规模建设转向加固修守，黄河堵口技术发展到顶峰，几乎所有的堵口技术都已出现。与此同时，堵口所用的河工构件——

埽工的结构和施工工艺也走向成熟。除埽工外，这一时期出现的其他河工建筑和构件也得到后人的认可，如类似今日钳口坝的“约”、裹头坝“马头”、挑水短坝“锯牙”，以及用以消减溜势的“木龙”等。

5. 明前期黄河“北堤南分”方略

南宋建炎二年（1128 年）黄河南徙，在今江苏省淮安市以下与淮河合二为一，东流入海，自此开始了其长达 700 年的夺淮入海历史。黄河新河道的形成过程，也是黄、淮水系不断调整的过程，期间决溢泛滥在所难免。元代至明前期黄河基本处于不治的状态，唯恐洪水北泛阻断运河，因而一旦大堤北岸决口，便即刻兴工堵塞。

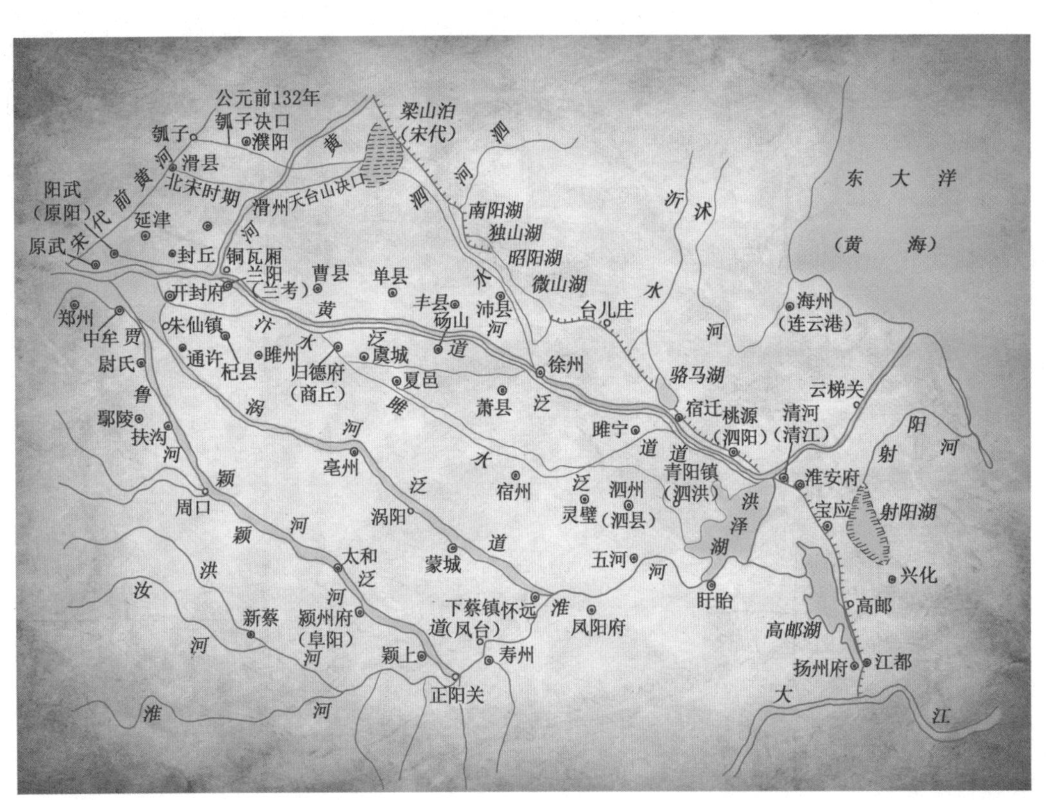

黄河夺淮路线示意图

明永乐迁都北京后，为解决南粮北运问题，重开会通河，对元代运道加以整治，京杭运河再次通航。此后的 400 多年间，每年约有 400 万石漕粮输送至北京。京杭运河江苏徐州至淮安段约 540 余里的运道借用了被黄河夺占的泗水河道，形成“漕行河道”的格局。加之黄河常常北决冲断会通河，治黄便与保运交织在一起。由于漕粮事关京城粮食、朝廷财赋供应大计，是所谓的“天庾正供”，明政府确立了“治河保漕”的指导方针，该方针贯穿明清治河始末。

弘治四年（1491 年），黄河在曹州（今山东曹县）黄陵岗、金龙口等 7 处决口，洪水北行自张秋入会通河，漕船被堵。右副都御史刘大夏制定并实施“北堤南分”的治黄措施，在黄河以北，兴建自胙城（今河南东南）至徐州长达 360 多里的堤防。

黄河以北大堤形成后，阻止了黄河的北泛，保障了会通河的畅通。但是任由黄河南泛，不仅使南岸地区屡屡遭受严重水灾，且导致黄河下游南向分支越来越多。至嘉靖末年，黄河下游分支多达 13 股，黄河已无主流河道。北堤南分的策略步入穷途末路。至隆庆、万历年间，“合流”论开始出现，代表就是万恭和潘季驯。

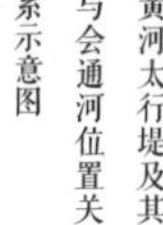
黄河太行堤及其与会通河位置关系示意图

6. 潘季驯“束水攻沙”方略

隆庆六年至万历二年（1572—1574 年）万恭总理河道，针对黄河下游河道的不断淤积，虞城（今河南商丘）秀才建议他“以人治河，不若以河治河”。具体方略就是“如欲深北，则南其堤，而北自深；如欲深南，则北其堤，而南自深；如欲深中，则南北堤两束之，冲中坚焉，而中自深”。[1] 对此，万恭深以为是。遗憾的是，万恭还没来得

潘季驯画像

[1] （明）万恭 . 治水筌蹄 . 北京：中国水利水电科学出版社，1985：50-53.

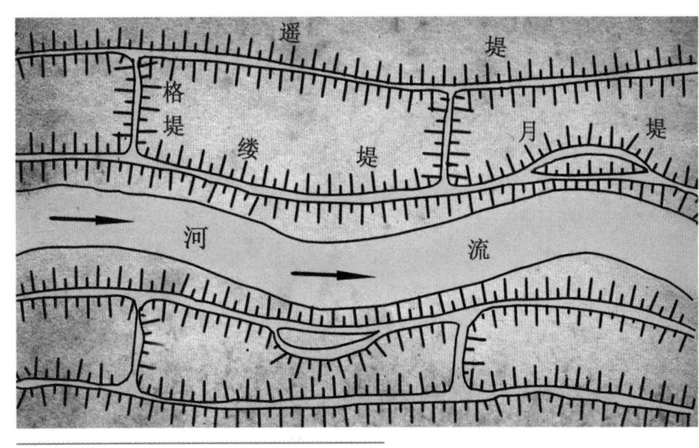

双重堤防示意图

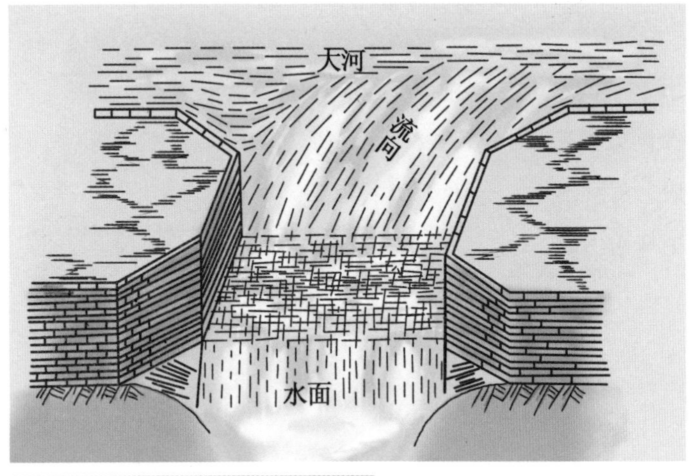

减水坝结构示意图

及将这一理论转化为实践，就被罢职。但万恭的这一主张为后来潘季驯系统地提出“筑堤束水，以水攻沙”方略奠定了基础。

嘉靖四十四年至万历二十年（1565—1592 年）27 年间，潘季驯四次总理河道。时黄河频繁冲决，如万历三年（1575 年），黄河自江苏砀山等地决口，邳州至淮安间运道淤塞，漕船被阻多年；次年又自徐州决口；五年(1577 年)再决崔镇。这种情况下，潘季驯第三次总理河道，在吸取万恭思想的基础上，综合自身的治河经验，提出“束水攻沙”的方略，用他的话概括就是“筑堤束水，以水攻沙，水不奔溢于两旁，则必直刷乎河底”。❶ 即以堤防约束河水，冲刷河床淤积，增大容蓄能力，从而达到防洪、保运的目的。在后来的实践中，潘季驯不断地对这一理论加以系统和完善。

“以水攻沙”的关键在于筑堤，用潘季驯的话讲就是“束水之法，亦无奇谋密计，唯在坚筑堤防”。❷ 实践中，潘季驯对这一思想不折不扣地加以推行。先后筑徐、睢、邳、宿、桃、清两岸遥堤五万六千丈，筑徐、邳、丰、砀两岸缕堤一百四十余里，在砀山、丰县县界建邵家口大坝，在桃源县（今江苏泗阳）建崔镇、徐升、季泰、三义减水石坝四座。

7. 潘季驯“双重堤防”措施

潘季驯不仅修筑了大规模的黄河堤防，还提出并实践了“双重堤防”的思想，在黄河两岸设计并修建了一

❶ （明）潘季驯 . 河防一览（卷二）. 河议辨惑 . 见：文渊阁四库全书（五七六）. 台北：台湾商务印书馆，1983.

❷ （明）潘季驯 . 河防一览（卷十）. 申明修守事宜疏 . 见：文渊阁四库全书（五七六）. 台北：台湾商务印书馆，1983：329.

套由遥堤、缕堤、格堤、月堤以及遥堤上的减水坝组成的堤防体系。

这一体系中，遥堤和缕堤是主要的。修建缕堤，目的在于束窄河槽，加大流速，提高水流挟沙能力，以冲刷淤积。然而，缕堤逼河而建，又比较单薄，一旦洪水超过其容蓄能力，便容易漫堤溃决。于是，潘季驯提出“双重堤防”的思想，即在缕堤之外加筑遥堤。遇一般洪水，以缕堤约束河水，可以攻沙；遇特大洪水，即使缕堤漫决，以遥堤约拦。两堤的作用，用潘季驯的话总结就是：“筑遥堤以防其溃，筑缕堤以束其流。”[1]在第三次总理河道期间，潘季驯将其主要精力放在修筑遥堤上。

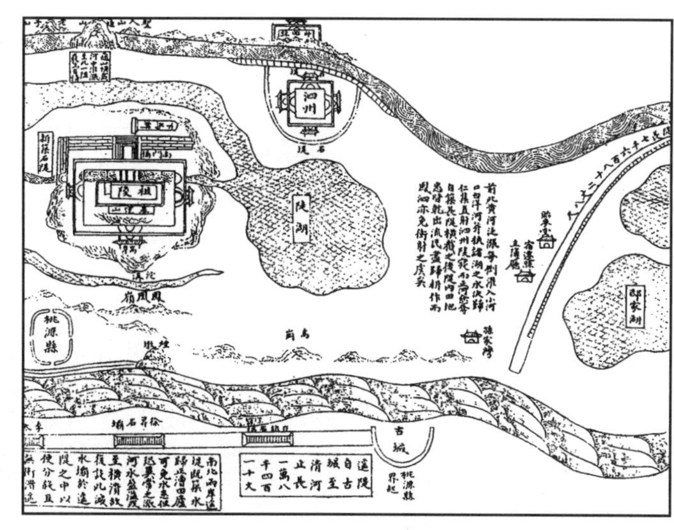

桃源县黄河北岸四减水坝位置图

遥堤、缕堤建成后，新的问题随之出现。汛期缕堤决口漫流，顺遥堤而下，对堤根破坏很大。为此，潘季驯沿河道横断面方向修筑格堤。又因缕堤逼近河流，容易冲决，便在缕堤内筑月堤以护之。

汛期水涨，不仅缕堤经常溃决，遥堤防洪压力也很大。为保护遥堤，潘季驯在桃源县（今江苏泗阳）黄河北岸建崔镇、徐升、季太和三义滚水坝四座，减水从灌口入海。就其作用而言，滚水坝相当于今天的溢流堰。“万一水与堤平，任其从坝

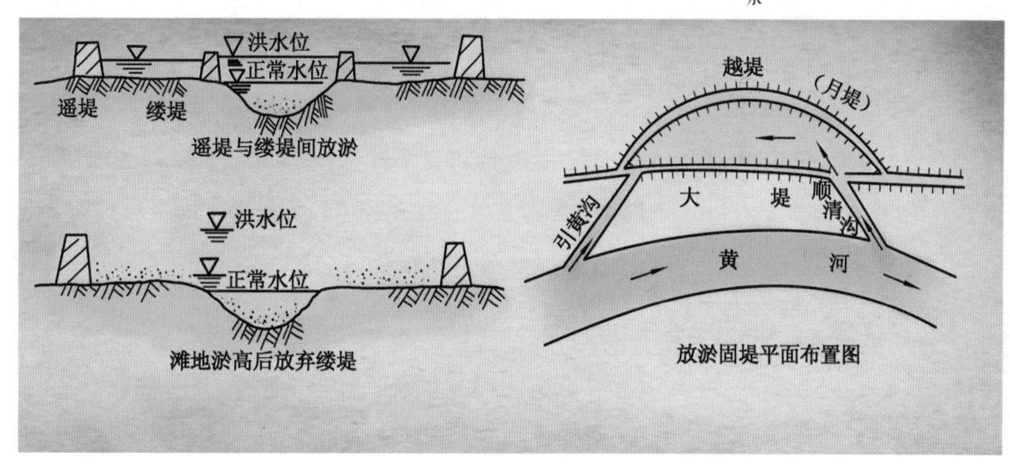

放淤固堤示意图（周魁一《中国科学技术史》水利卷）

[1] （明）潘季驯. 河防一览（卷十二）. 恭报三省直堤防告成疏. 见：文渊阁四库全书（五七六）. 台北：台湾商务印书馆，1983：400-401.

黄河大堤淤背（当代）

康熙南巡图治河场面

滚出”。[1]滚水坝在施工技术上代表了当时的先进水平，尤其是在基础的选择和地基的处理方面。滚水坝的基础，“必择要害卑洼去处，坚实地基”。地基的处理，“先下地钉桩，锯平，下龙骨木，仍用石渣楔缝，方铺底石垒砌”。钉桩时，“需搭鹰架，用悬硪钉下”。石缝“须用糯汁和灰缝，使水不入”。[2]这种地基选择和处理方式与现代基础工程十分接近。

徐州至淮安黄河两岸系统堤防建成后，在实践中取得了明显的成效。河道基本得以固定，虽间有决溢，不久即塞，长期两股或多股分流的局面不复出现，黄河被固定在徐邳桃清一线，经清口入东海，即今废黄河一线。[3]

8. 潘季驯“淤滩固堤”方略

针对黄河高含沙的特点，潘季驯把“淤滩固堤”引入其双重堤防体系，即汛期在缕堤适当地点开口，引洪水进入遥堤、缕堤之间的滩区或大堤背后的洼地，沙随水入，

❶ （明）潘季驯 . 河防一览（卷七）. 见：文渊阁四库全书（五七六）. 台北：台湾商务印书馆，1983：254.

❷ 潘季驯 . 河防一览（卷四）. 修守事宜 . 见：文渊阁四路全书（五七六）. 台北：台湾商务印书馆，1983：201.

❸ 邹逸麟 . 黄淮海平原历史地理 . 合肥：安徽教育出版社，1997：99-100.

若干年后，滩区淤高，一般大水再难上滩，可达到巩固堤防的目的。

至清乾隆、嘉庆年间，黄河放淤固堤形成高潮，规模大，效果显著。由于放淤固堤就地取材，施工简单，安全可靠，至今仍在使用。除黄河大堤外，长江荆江大堤、珠江北江大堤的堤防加固仍采用该办法。

乾隆南巡途中视察黄河（《乾隆南巡图记》）

9. 清代黄河大堤的延伸

清康熙年间靳辅出任河道总督时，“淮溃于东，黄决于北，运涸于中，而半壁淮南与云梯关海口且沧桑互易”。[1] 面对这一局面，靳辅遵循潘季驯黄、淮、运综合治理的规划，沿用其“束水攻沙”措施，在淮安至海口黄河两侧各挑引河一道，以所挑之土筑堤九万五千余丈，云梯关外筑堤二万八千余丈；筑安东茆良口减水坝，以宣泄异涨。海口通畅。

清康熙三十五年（1696年），河道总督董安国鉴于海口日淤日远，在云梯关下游黄河北岸马港河开挖引河，使黄河改经南北潮河至灌口入海，在原来正河身建

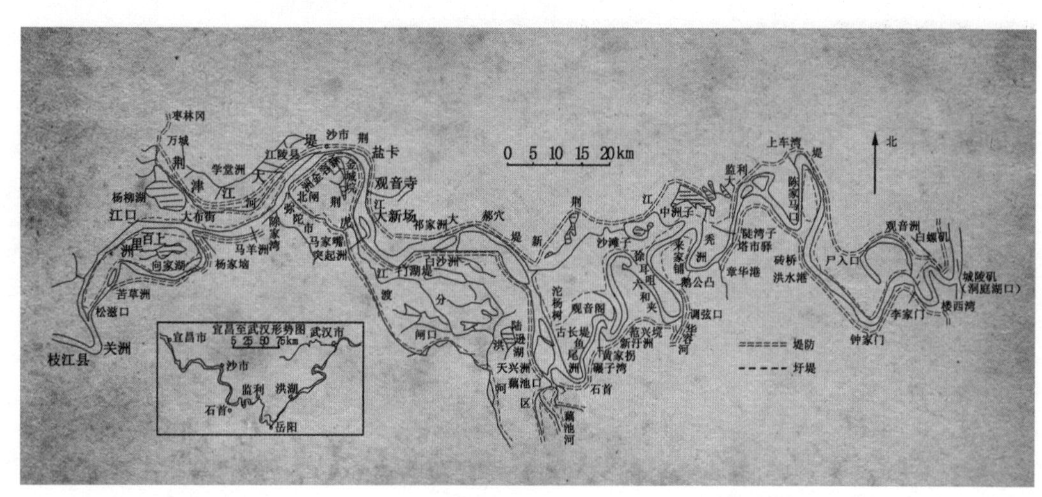

荆江形势图

[1] （清）靳辅．治河工程．见：贺长龄，魏源．清经世文编（第三册，卷一〇一）．北京：中华书局，1992：2479.

今天的荆江大堤（局部）

拦黄坝一道，引黄水全入马家港，致使黄河入海尾闾不畅，上游频繁溃决。康熙三十九年（1700 年），河道总督张鹏翮提出“欲深黄河，必开海口”的治河原则，认为拦黄坝的修建拂水之性，导致黄河入海之路不畅，因此拆除了拦黄坝。河流顺轨，海口畅通，康熙帝赐名大通口。

然而“束水攻沙”的治水方略，最终没有敌过黄河泥沙。淮安清口及黄河下游河道迅速淤积，清嘉庆以来清水难以畅出清口刷黄，黄河尾闾河床淤积速度加快，自道光（1821—1850 年）以来连年决口。咸丰五年（1855 年），黄河在其北岸铜瓦厢（今河南兰考）决口，改流大清河由山东利津入渤海，从而结束了南宋以来长达 700 余年夺淮的历史，形成今日格局。

（二）荆江大堤

长江自今湖北枝城至湖南城陵矶段即荆江段，河道弯曲狭窄，且清江、汉江和洞庭湖水系都在这一段汇入长江，长江干流决口多发生在该河段。因而，荆江北岸很早就开始修筑堤防，至今日形成上起江陵县枣林岗、下迄监利县城南长 182 公里的荆江大堤。荆江大堤是江汉平原防洪安全的保障，是长江沿线的险要堤段。

荆江大堤上的镇水兽

早在西汉初年，荆江段就开始出现洪水为灾的记载，这也是有关长江洪灾的最早记载。因此，荆江河段是长江防洪的重中之重，也是长江中下游最早出现堤防的河段。由于荆江河段过水能力有限，除通过江道宣泄外，还通过荆江两岸的众多穴口分泄洪流，仰仗洞庭湖调蓄洪水。因而荆江大堤的建设历程与两岸穴口的开堵和洞庭湖的演变关系密切。

1. 荆江大堤的由来

荆江大堤创建于东晋永和年间（345—356 年），时桓温镇守荆州，在长江北岸修筑金堤。南北朝时，长江北岸大堤不断延伸，南岸出现零星堤防。五代后梁开平年间（907—910 年），在江陵修筑寸金堤。此后直至宋代，由于穴口畅通，湖泊调节作用明显，荆江两岸只在局部修筑堤防。

宋代尤其是南宋以来，金兵南下，兵燹不断，北方居民大量南迁，洞庭湖和江河沿岸的滩区逐渐被围垦，长江中游地区圩垸发展迅速，成为继黄河流域之后又一农业经济中心。荆江堤防随之不断修建，并往往与圩垸堤岸相连。在此期间，先后在今沙市附近和盐卡地区修建堤防，并将江陵修筑的寸金堤延长，与沙市堤防相接。至南宋乾道年间（1165—1173 年），上自枝江，下至石首、沔阳，荆江两岸堤防已很普遍，但仍留有穴口。13 世纪时，沿江南北两岸的分水穴口逐渐被堵闭，现代荆江大堤的雏形形成，并承担起防洪的重任。

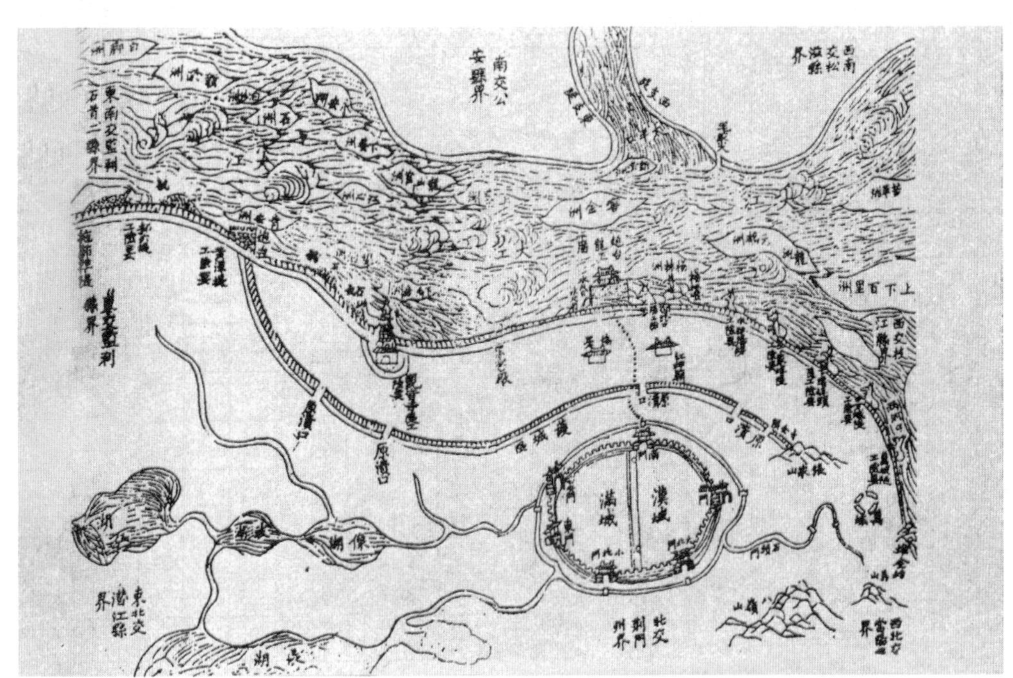

江西江陵县堤防图
（光绪《江陵县志》）

明成化年间（1465—1470 年），将江陵城东长江北岸的黄滩堤改成石堤。嘉靖二十一年（1542 年），堵塞江堤北岸的郝穴。自此，荆江大堤上自堆金台、下至拖茅埠长达 124 公里的堤段连成整体，时称万城大堤。

清代荆江两岸堤防不断延伸加高，北岸江陵、监利和沔阳境内江堤长达 600 余里，南岸江陵、公安和石首境内江堤长达 300 里。

为加强荆江大堤的管理，明隆庆元年（1567 年），设堤甲法，以民夫修守，北岸 7300 人，南岸 3800 余人。清乾隆五十三年（1788 年）大水，大堤溃决，淹没江陵城，乾隆拨发库银 200 万两堵塞决口，加培堤身，并设石尺水志，规定堤防保固期限，改民堤为官堤。

2. 开穴口分流

荆江河段过水能力有限，除通过江道宣泄外，还需仰仗沿线湖泊调蓄洪水。最初用来调蓄的湖泊为云梦泽，后被洞庭湖取代。为分杀洪水，至迟在魏晋南北朝时沿江两岸

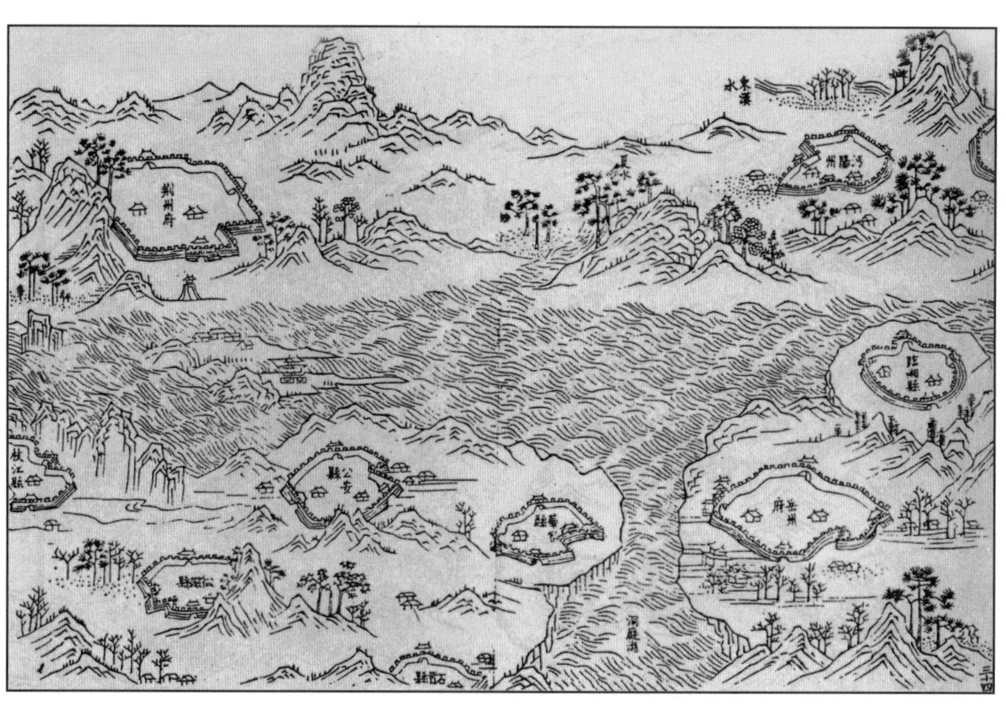

长江与洞庭湖关系示意图（《行水金鉴》）

已有大量水口，唐代则有“穴口”之称，元代出现“九穴十三口”的说法。

宋代以前，江汉平原分叉水系发达，荆江两岸只建有局部堤防，穴口畅通，湖泊调节作用明显；南宋后，随着江汉平原圩垸建设的发展，沿江南北两岸的分水穴口逐渐被堵闭。于是，两岸江堤承担起防洪的重任。

元大德七年（1303 年），荆江堤防年年溃决，主持荆江江防的官员林元召集当地学者共商防洪对策，多数人主张人工“开穴”分流江水，后决定保留陈翁决口，不加堵塞以观其效。结果当年陈翁港所在地区的农业大获丰收。此事上报朝廷后，朝廷批准再开郝穴、赤剥、宋穴、杨林、调弦和小岳等六个穴口。这是见诸记载最早的有关开穴口分流的实践。

明嘉靖（1521—1566 年）以后，随着垸田面积的极度膨胀，不仅开穴口分流易致反对，且各穴口相继淤塞或堵塞。至嘉靖二十一年（1542 年），江北最后一个穴口郝穴被堵塞后，荆江大堤北岸再无穴口。隆庆年间（1567—1572 年），荆江南岸分流穴口仅剩虎渡、调弦两处。

清前期，开始探讨穴口的开与堵。雍正年间湖广总督迈柱认为开穴口分洪固然困难重重，但若不分，洪水则无出路。乾隆九年（1744 年），御史张汉重新提出开穴口分洪，利用荆江和汉江两岸的湖泊洼地进行调蓄的主张。湖广总督鄂弥达则主张高筑堤防以与洪水抗衡。

如果说最初的分流意见多沿袭荆江“九穴十三口”的说法，主张南北两岸分流，那么自明嘉靖以后，北岸穴口尽皆堵闭，荆江主要向南分流，南岸地面逐渐淤高。面对荆江洪水的威胁，清道光十三年（1833 年），御史朱逵吉再次提议开穴口分流入洞庭湖。经过勘察，道光二十年（1840 年），湖广总督周天爵建议开宽虎渡口以向洞庭湖分水。该工程两年后开工，新开之口宽数百丈。这是清代政府主持下的唯一一次实施开通穴口向南分流洪水的实践。

3. 塞口还江

塞口还江的方案与开穴口相反，主张封闭沿江分水穴口，加强荆江南北两堤，以输送洪水下泄。清道光二十二年（1842年），为荆江两岸大堤的安全起见，将虎渡口由30丈拓宽至数百丈，但虎渡河未加相应的拓宽，导致下游泛滥不已。清道光三十年（1850年），一位名叫俞昌烈的人建议将虎渡口穴口改回原来的30丈，塞口还江的呼声自此而起。

清咸丰十年（1860年），荆江向南的分叉藕池河形成，汛期大量洪水分而南行，致使荆江南北两岸防洪矛盾激化，此后荆江南岸塞口还江的呼吁更加迫切。由于泥沙的淤积，至清光绪十八年（1892年），湖南龙阳、华容和安乡等县所在的洞庭湖面渐渐淤垫浅涸，水无所容，四处泛滥。因此，湖南籍官员强烈要求封闭藕池口。然而，藕池决口又宽又深，堵塞工程较为艰巨，加之湖北籍官员的反对，塞口还江之议遂被搁置。由于松滋、太平（虎渡）、藕池、调弦四口分流不仅影响了湖水的消泄，而且妨碍通航，清宣统元年（1909年），政府花费5.2万两白银向德国订购了一艘链斗式机械挖泥船用于清淤。

塞口还江的主张虽是湖南籍官员从自身的利益出发提出的，但设法抑制湖泊淤积的发展以保持洞庭湖的容积，对于长江中游南北两岸的防洪大计具有至关重要的作用。就荆江的泄水能力而言，它不能确保特大洪水的顺畅下泄，因而必须有相应容积的水体加以调蓄，而洞庭湖正是这样一个天然的调蓄场所，如果任由荆江来沙自行淤积或任由人类盲目围垦，最终的结果必然是“湖中之水既渐变而为田，湖外之田将胥变而为水，湖

南之大患无有过于此者”。

1936 年，扬子江水利委员会建议于四口建滚水坝，水利学家李仪祉甚以为是。计划修建的四口滚水坝坝顶高程需符合如下要求：荆江盛涨时，可自行分流入洞庭；在警戒水位以下时，可集中水流刷深荆江河床；减少入湖的泥沙，以维持洞庭湖的调蓄容积。具体措施主要有三点：首先，定湖界，以禁止继续围垦蚕食湖泊；其次，定洪道，使湘、资、沅、澧四水各自拥有独立入湖的排洪水道；最后，定四口的调节流量，即滚水坝坝顶高程的确定必须满足保障荆江防洪安全和避免湖泊萎缩这一双重目标。虽然完全依赖洞庭湖的调蓄，并不足以解决荆江特大洪水的下泄问题，但洞庭湖的存在却是荆江防洪的关键，也是确保荆江大堤安全的关键。

（三）洪泽湖大堤

洪泽湖大堤又称高家堰，位于洪泽湖东南部，北起江苏省淮安市码头镇，南迄洪泽县蒋坝镇，全长 67.25 公里。洪泽湖大堤是 1128—1855 年黄河南徙夺淮期间，为实施“蓄淮刷黄”等方略以确保漕运畅通而持续大规模兴建水利工程的产物，至今捍卫着苏北里下河地区人民群众的生命与财产安全。

清康熙年间黄河与淮河交汇处及黄河入海图（《中华古地图珍品选集》）

18世纪时黄河与运河交汇处（《帝国掠影》）

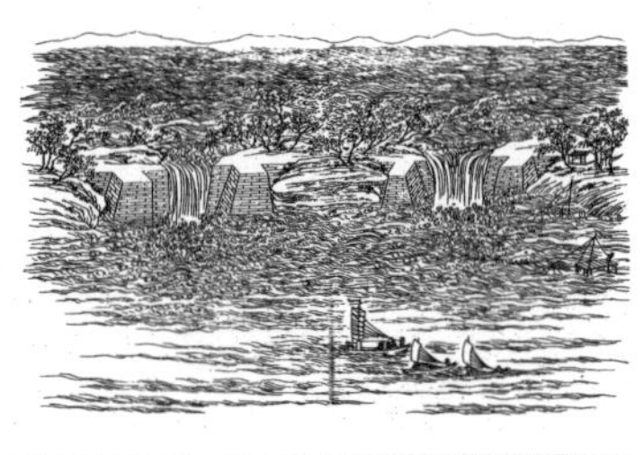

清道光年间高家堰智、信二坝泄洪情景（清麟庆《鸿雪因缘图记》智信宣防图）

南宋建炎二年（1128年），黄河南徙夺淮。元代，京杭运河全线贯通。南北纵贯的京杭运河与东西向的黄河、淮河交汇于今江苏淮安清口地区。黄河含沙量较高，常常侵扰淮河和运河，加之明清时期确保漕运畅通的治水目标，使这一地区的治理问题十分复杂。为解决黄河泥沙淤积和漕船平稳穿黄、过淮等问题，明清两代采取"蓄清刷黄"和"避黄引淮"等技术措施，在清口地区持续兴建了一系列建筑物，洪泽湖大堤是其核心组成。

1. 洪泽湖大堤的由来

洪泽湖大堤基本形成于明万历年间，但它的修建却始于东汉建安五年（200年），由广陵太守陈登修筑，长30里。明永乐年间，平江伯陈瑄在武墩至阜宁湖之间筑堤。明万历六年（1578年），总理河道潘季驯将大堤延伸至周桥，长60多里。清康熙年间，河道总督靳辅将洪泽湖大堤延长至100余里，于临湖面创筑坦坡，以增强其抗御风浪的能力。至清咸丰五年（1855年）黄河北徙时，洪泽湖大堤北起武家墩，南至蒋坝，蜿蜒67公里，可谓"长虹万丈，屹立如山"，巍然耸立于洪泽湖东南。

洪泽湖大堤初为土堤，后逐渐改做砖堤、石堤。明万历八年（1580年）开始在大堤迎水坡增筑直立式条石墙护面，时称"石工墙"。清雍正年间，完成武家墩以南至古沟东坝一带石工。清乾隆十六年（1751年），洪泽湖大堤南端石工完成。此后，又多次改建，并于堤上修筑子堰。至清乾隆四十六年（1781年），洪泽湖大堤石工墙最终完成，长60余公里，形成今日大堤的规模。洪泽湖大堤是17世纪前世界上规模最大的砌石拦

清乾隆年间洪泽湖大堤局部（《乾隆南巡图研究》阅视黄淮河工）

河坝。

为减轻洪泽湖大堤压力，清康熙时河道总督靳辅在大堤上建减水坝6座（位置多次变化），平时不开放，用于蓄水刷黄济运；汛期洪泽湖水涨，开坝东泄。张鹏翮出任河道总督后将其改建为滚水坝3座。至乾隆年间，洪泽湖大堤上滚水坝增至5座，称仁、义、礼、智、信五坝，各宽60丈或70丈不等，共宽200丈，并定有五坝开启的标准。

根据徐近之的研究，东汉建安五年时，洪泽湖大堤堤顶高程为9.15米，明隆庆年间增至11.32米，清乾隆四十六年增至15.49米，清道光年间增至17.20米，今日堤顶高程为19.5米。高家堰的名字即缘由于此，所谓高家者，“盖益加益高耳”。

2. 捍淮

洪泽湖大堤的主要功能是拦挡淮河洪水，即所谓的“悍淮”。

1128年黄河南徙夺淮前，淮河独流入海，含沙量较少，海潮可上溯至今江苏盱眙县以西。今洪泽湖的范围相当于古淮河下游，时淮河右岸多为陆地，在浅洼地区零星分布着阜陵、万家、泥墩、破釜、白水等小湖。这些小湖彼此孤立，也不与淮河相通。洪泽湖大堤的主要功能是蓄水灌溉和拦挡淮河洪水。

西汉年间，黄河曾多次南决侵淮，导致淮河尾闾淤高，淮安及里下河地区水灾日益严重。公元200年，广陵太守陈登修筑捍淮堰，长15公里。南唐保大元年（943年），修筑唐堰，蓄水灌田。宋代，楚州（即淮安）司户参军李

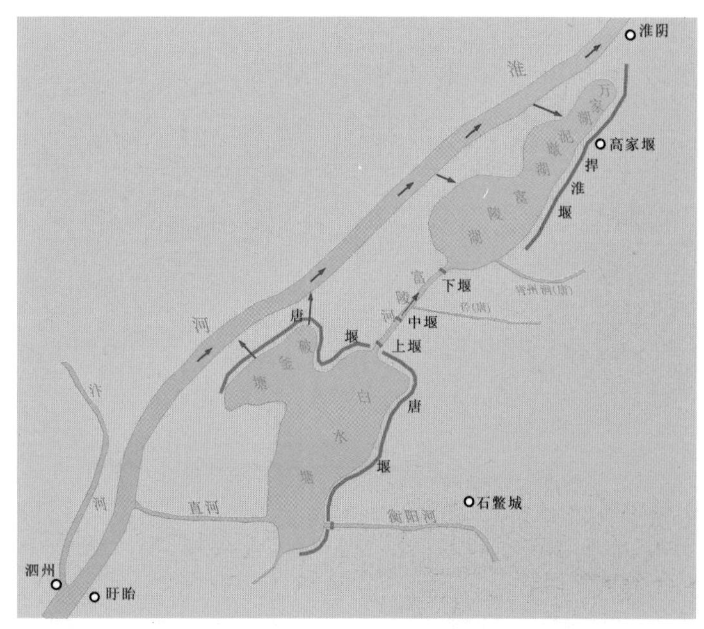

隋唐时期洪泽湖区域形势图

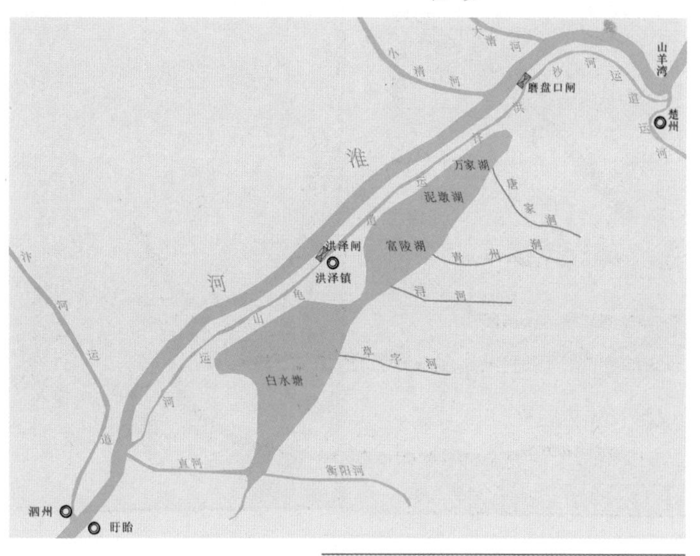

宋黄河夺淮前洪泽湖区域形势图

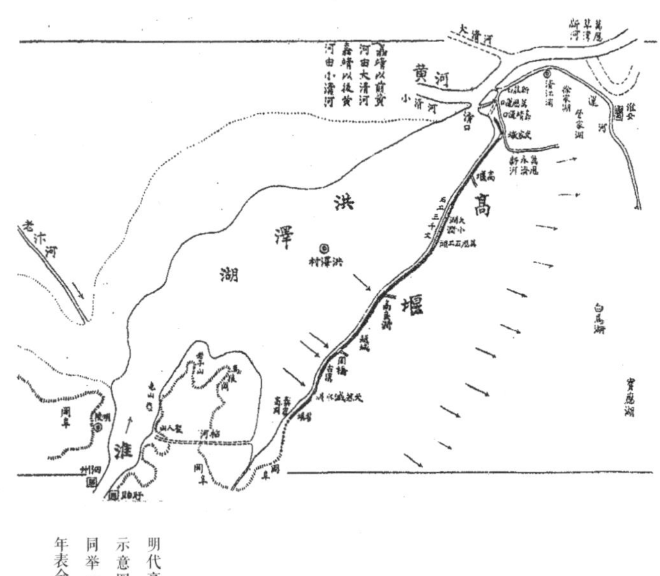

明代高家堰示意图（武同举《淮系年表全编》）

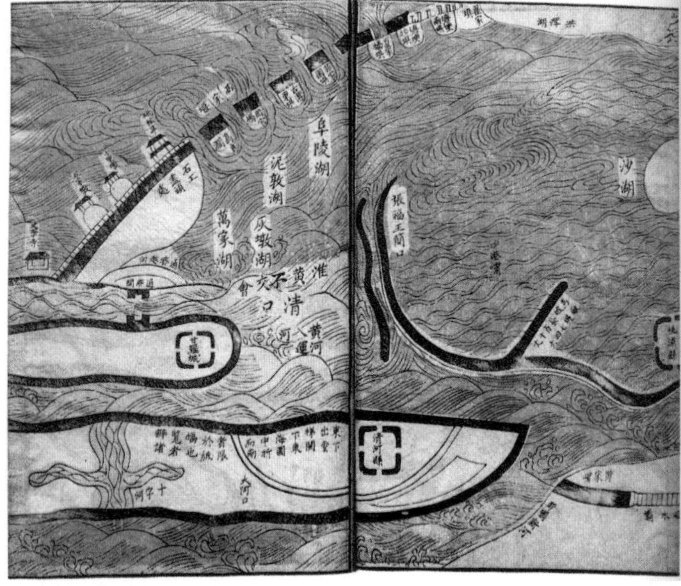

明潘季驯时黄淮交汇与高家堰示意图（《中华古地图珍品选集》）

孟曾经修复陈公塘以进行灌溉。陈公塘即后来的高家堰。

黄河夺淮初期，洪泽湖的功能仍以“捍淮”为主。明永乐年间，今洪泽湖区已逐渐淤高，经常泛滥淮扬地区，平江伯陈瑄因筑高家堰以捍之。大堤起武家墩，经大小涧至阜宁湖。此后，淮河安流100余年，“淮扬藉以耕艺，厥功懋矣”。

时至今日，洪泽湖大堤的主要功能仍然是“悍淮”。

3. 蓄清刷黄

“蓄清刷黄”是1128—1855年黄河南徙夺淮期间洪泽湖大堤的主要功能，最早由明总理河道潘季驯提出。

明万历六年（1578年），潘季驯第三次总理河道。时黄河夺淮已近400年，黄河下游河道和清口一带严重淤积。淮水难以自洪泽湖出口——清口畅出，往往东决洪泽湖大堤，危及里运河和里下河地区，黄河随之倒灌洪泽湖。因而，潘季驯在规划设计时充分考虑了黄河、淮河和运河三者之间的制约关系，把治黄、治淮与治运结合起来，并开创性地提出“蓄清刷黄”方略，重修高家堰，将大堤延长至30多公里，高一丈二三尺（约合4米）；此后又向西南延伸至越城、周桥以外；并耗时4年，于高家堰中段砌石工墙防浪，淮河向东的出路被堵闭。同时在北部的王简、张福两个出口处筑堤，切断了淮水北泄的通路。如此，淮水被拦蓄湖中，仅能从清口下泄。遇清口淤垫或汛期湖水宣泄不及，就会出现“淮日益不得出，而潴蓄日益深”的局面，洪泽湖基本形成。从潘季驯所绘《河防一览》图中可以看出，万历年间，洪泽湖已与万家、泥墩、阜陵诸湖连为一体，但仅为淮水东岸诸湖之一。

清康熙十六年（1677 年），靳辅出任河道总督，时清口一带淤为平陆者约 10 公里。他秉承了潘季驯"蓄清刷黄"的遗意，开挖洪泽湖口引河，加高加固洪泽湖大堤清口至周桥段旧堤，新建周桥至翟坝段堤防，使之延长至 50 余公里。在洪泽湖大堤的拦蓄下，洪泽湖不仅与阜陵、泥墩和万家等湖合而为一，还与淮河融成一体，周回 300 余里，空濛浩瀚，洪泽湖最终形成。

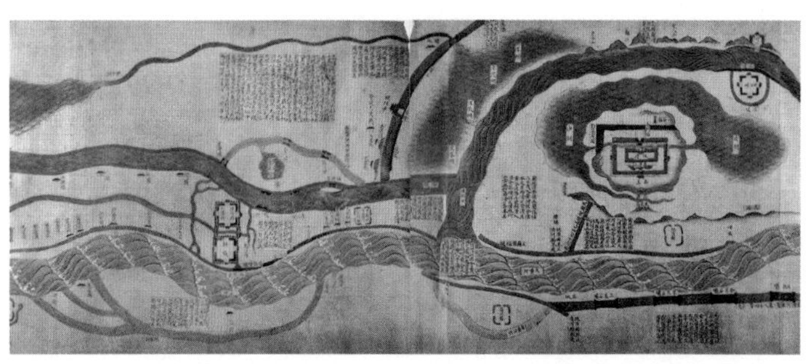

明万历年间的洪泽湖及其与明祖陵的关系示意图（《中华古地图珍品选集》）

潘季驯实施"蓄清刷黄"的目的是借用淮河清水冲刷黄河泥沙，然而"蓄清（淮）"的结果是洪泽湖的形成，而有清一代黄河水频繁倒灌洪泽湖和洪泽湖形成后湖底不断淤积的现象则说明了"刷黄"目标的失败。

4. 保护明祖陵

在洪泽湖大堤的演变历程中，保护祖陵之争只是发生于明代的一个小插曲，但却反映了洪泽湖大堤面临的复杂形势。

清康熙末年的洪泽湖及其与泗州城的关系示意图（引自清张鹏翮《治河全书》）

明万历七年(1579 年)，高家堰建成，洪泽湖水位抬高，位于上游的明祖陵和泗州地区受灾严重。为保护泗州地区的利益，许多官员打着保护祖陵的旗号，反对洪泽湖大堤的修建。先是一位名叫常三省的官员向北京各衙门上书，历数洪泽湖大堤的害民之端。此后许多官员上书认为高家堰的修筑，使得洪泽湖"倒流而为泗、陵患"。参与争论的官员有的级别很高，如御史高举、直隶巡按牛应元和勘河给事中张企程等。然而，总理问道潘季驯坚持认为，只有建成高家堰，才利于清口处淮水的宣泄；清口宣泄通畅，泗州才能免于水患。最终，洪泽湖大堤没有因常三省等人的反对而发生改变。

至清代，已无明祖陵的顾虑。清康熙十九年（1680 年），黄、淮大水，泗州城沉沦洪泽湖中，成为空留后人凭吊的历史文化名城。

5. 蓄黄

明清两代不断加高加固洪泽湖大堤的目的就是抬高洪泽湖水位，利用含沙量较低的淮河清水冲刷黄河河床，确保漕运的畅通。然而，黄河泥沙仍然通过不同的途径进入洪泽湖，使洪泽湖大堤拥有了“蓄黄”的功能。

由于黄淮汛期不同步，黄河水量、含沙量又远高于淮河，汛期黄河常常倒灌洪泽湖，大量泥沙被拦蓄湖中，湖水位不断抬高。据统计，清康熙朝黄水倒灌入湖现象共发生过 5 次；乾隆朝 7 次，其中的三十三年（1768 年）倒灌时间长达 3 个月之久，三十八年（1773 年）倒灌 2 个月；嘉庆年间 4 次。

“减黄助清刷黄”措施的影响。清康熙年间，河道总督靳辅在潘季驯“蓄清刷黄”的基础上，提出“减黄助清刷黄”方略。即在徐州至淮安间黄河南岸缕堤上创建减水闸坝，以分泄汛期黄河涨水，减下的黄水经沿途湖泊澄清后汇流，由归仁堤五堡等闸坝注入洪泽湖，再用以冲刷黄沙。黄河南岸共建减水闸坝 9 座，如砀山县毛城铺减水坝一座，徐州王家山减水闸一座、十八里屯减水闸两座，睢宁峰山、龙虎山天然减水闸四座。各闸坝分减之水经过不同的路线汇聚于灵璧县的灵芝、孟山等湖，由归仁堤五堡等闸坝注入

徐州境内减水闸坝示意图（引自清张鹏翮《黄河全图》）

洪泽湖。其中，毛城铺闸坝减水先入小神湖，峰山、龙虎山等四闸减水先入马厂，王家山、十八里屯减水先入马厂再入永堌湖，然后都汇聚灵芝、孟山等湖注入洪泽湖，助清刷黄。乾隆、嘉庆与道光年间，自黄河南岸各闸坝减水入湖的现象经常发生。由于自这些闸坝减下的黄水所携带的泥沙不可能完全沉积于沿途河湖中，因而大量进入洪泽湖中。

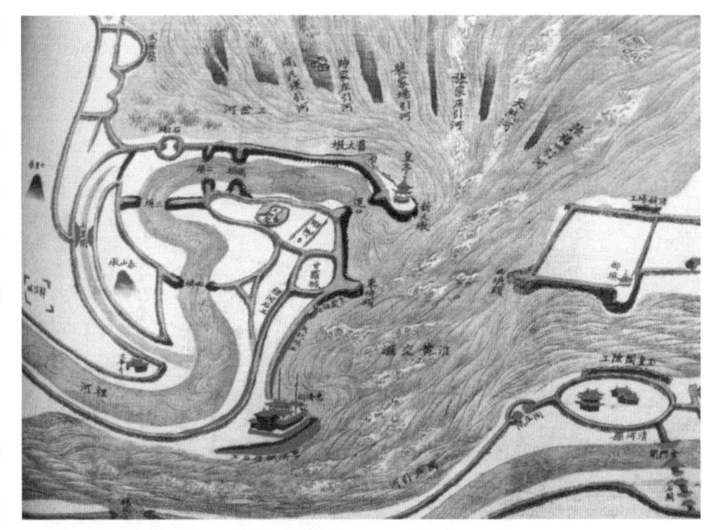

清康熙年间清口形势示意图（清张鹏翮《运河全图》）

引黄济运措施的影响。该措施源于“减黄助清”方略。清乾隆五十年（1785 年），清口一带严重淤积，回空漕船受阻。河道总督李奉翰开始“引黄济运”，即开放洪泽湖上游 20 公里处黄河南岸的两个减水闸，引黄入湖济运。由于二闸距洪泽湖不过 20 公里，减泄的黄水没有多少沉沙的余地，无异于将黄水直接引入洪泽湖。为维持漕运的畅通，此后屡行该法。

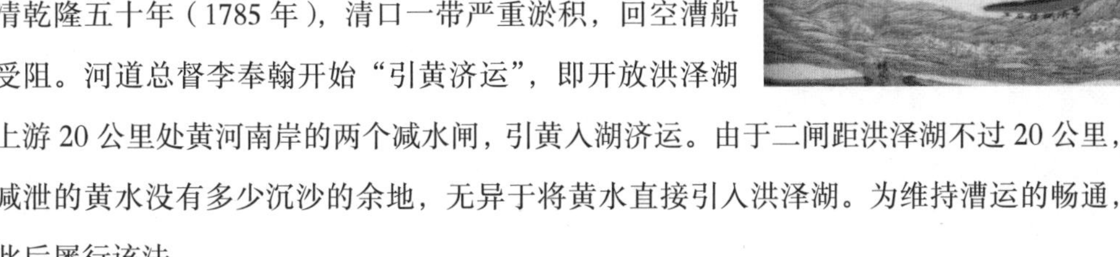

黄河南决。清代黄河南决入湖多达 20 余次。每次决口，或全河夺溜，或大半分流，决水通过颍河、涡河、濉河或淝河等不同路径汇入洪泽湖中。由于当时技术条件的限制，黄河漫决后往往需要很长时间才能合龙，短者一两个月，长者一两年。洪泽湖大堤成为黄河的“防洪工程”。

黄水大量入湖的结果就是洪泽湖水位的抬高，以及随之而来的洪泽湖大堤的不断加高。清康熙三十八年（1699 年），因黄河连续 3 年倒灌入湖，洪泽湖底“高地丈余，水面上浮”。是年年底，康熙拨银 128 万两，大修高家堰，自武家墩至棠梨树，长 50 余公里，高二丈四五尺（约合 8 米），以刷黄济运。

清雍正八年（1730 年），雍正拨银 100 万两，将洪泽湖大堤改砌石工。然而，至乾隆七年（1742 年），洪泽湖西北一带，“底渐淤高”。

清乾隆四十六年，洪泽湖大堤全线改建石工 4 年后（即 1785 年），有人上报朝廷，洪泽湖底的形状已由原来的“如釜”演变为“如盘”。

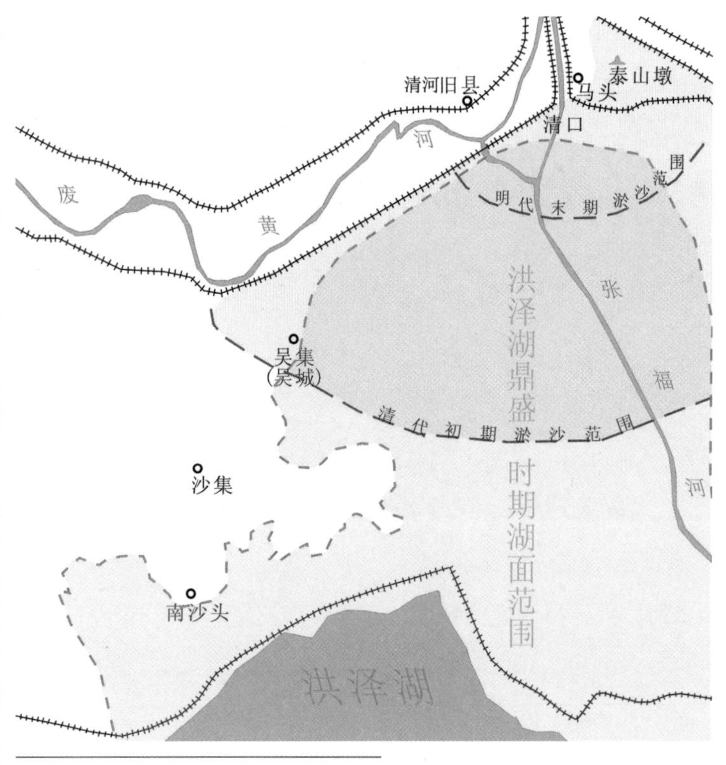

洪泽湖口淤积推进图（张卫东《洪泽湖水库的形成》）

清道光四年（1824 年），洪泽湖北岸“全为黄水垫高”。湖水渐渐南退，自洪泽湖大堤五坝宣泄。

清咸丰元年（1851 年），开放大堤南端的礼坝，冲损未修，形成淮河南流入江的新通道，即三河口。咸丰五年（1855 年），黄河北徙，黄水侵扰淮河的局面至此结束。

据研究，在洪泽湖形成后的百余年间，洪泽湖水位以每年 4 厘米的平均速度持续上升。今日，洪泽湖底海拔 10 ～ 11 米，洪泽湖河口的老子山处河床海拔 9 ～ 10 米，高出浮山处河床 4 ～ 5 米，淮河中游河床纵剖面明显呈倒比降。

迄今，洪泽湖大堤已走过 1800 多年的沧桑岁月。在黄河夺淮的 700 余年间（1128—1851 年），洪泽湖大堤为确保京杭运河的畅通和里下河地区的安全发挥了重要作用。今日，洪泽湖大堤仍然是里下河地区防洪的坚实屏障。

二、古代海塘工程

海塘又称海堤、海堰，主要分布于江苏、上海、浙江和福建滨海地区，是沿海地区抵御海潮海浪侵袭、防止海岸坍塌以保障城乡居民生命财产安全的工程。其中，以浙西海塘规模最大，是历代各朝的修筑重点。

（一）海塘修建历程

早在汉代，钱塘江口已出现海塘。隋唐时期，浙江大规模修建捍海塘，江苏和福建等地开始修建防海堤。北宋后，随着江南地区经济中心的形成，加之受钱塘江口潮流变化的影响，修筑频繁，海塘结构型式逐渐发展。明代出现五纵五横鱼鳞石塘，清代出现鱼鳞大石塘，形成较为完备的海塘体系。明清两代对浙西海塘用力最多，由于潮势的变化，修筑地段的侧重有所不同，明代的修筑重点集中在海盐，清代集中于海宁。至今，许多海塘仍在发挥效益。

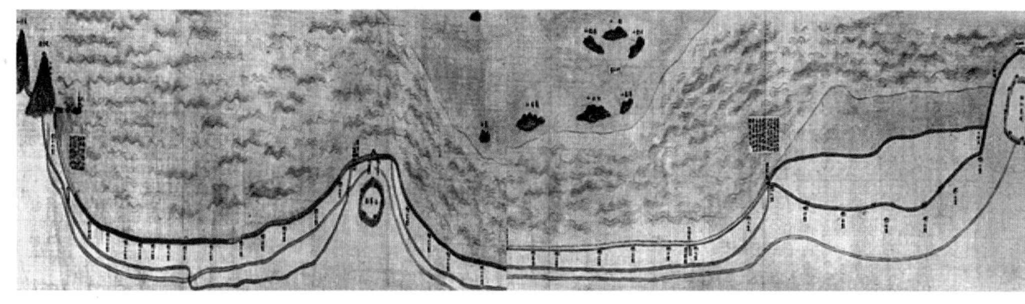

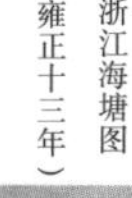

浙江海塘图（雍正十三年）

（二）海塘分布范围

钱塘江北岸海塘，又称浙西海塘，自杭州狮子山至平湖金丝娘桥，包括杭州江塘和海宁、海盐、平湖等县海塘，长 137 公里。该处位于钱塘江劲潮首冲，地势险要，历来为我国海塘工程的修筑重点。清代更是耗费巨资修建鱼鳞大石塘，形成坚固完备的海塘体系。

钱塘江南岸海塘，又称浙东海塘。其中，位于萧山、绍兴和上虞三县的塘工为江塘，东北自夏盖山至镇海则是浙东海塘。浙东海塘与北岸的浙西海塘遥相对望，共同抵御钱塘江怒潮的冲击。由于钱塘江口南岸有山，潮灾较轻，海塘工程规模较北岸小。

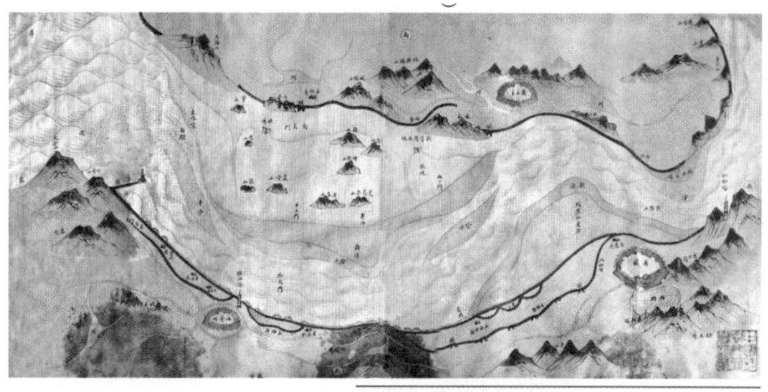

杭州湾海塘略图

江南海塘，西北自长江口南岸江苏常州，经太仓，上海宝山、川沙、南汇、奉贤、金山，至浙江平湖与浙西海塘相接，延绵五百余里。江南海塘除少部分位于苏南外，主要分布于上海境内，是今日上海海塘的主体部分。

此外，福建省沿海十余县均有垦涂筑堤，广东省潮州、雷州和海南岛等地也有海堤。

（三）钱塘江涌潮

浙西海塘所在的钱塘江口，地形呈喇叭口状，河口段有底部隆起的沙坎，河口横截面急剧收缩，使进入钱塘江的海潮易于产生巨大的潮位差，形成特有的自然景观——钱塘江涌潮，又称“暴涨潮”。这种涌潮来势凶猛，尤其是当月朔

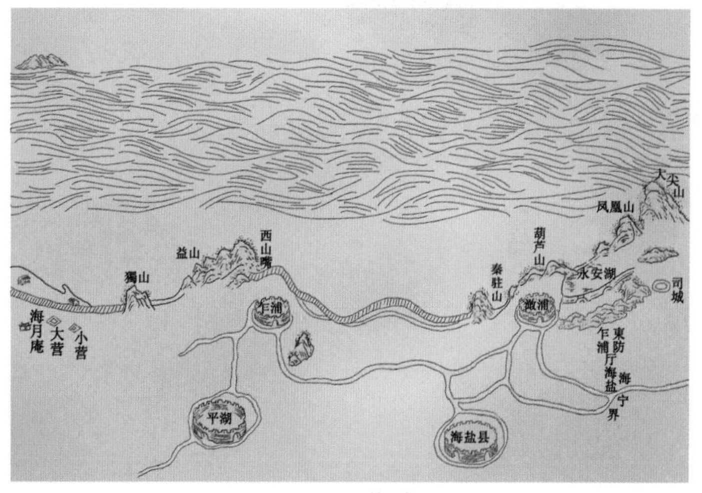

嘉兴府海塘略图

土备塘

海宁盐官一线潮

海宁老盐仓回头潮

钱塘观潮（清麟庆《鸿雪姻缘图记》）

望大潮，潮波最高达 3 米，潮速约每小时 20 公里，台风季节潮头则可达 8 米以上，往往使滨江平原遭受严重的潮灾。

为防御海潮侵袭，在钱塘江河口段和杭州湾逐渐建成系统海塘。早在汉代即有修筑钱塘江海塘的记载。隋唐宋时期，江南地区逐渐成为全国财赋之区，浙西沿海地区建成系统的海塘工程。明清时期，大力修筑海塘，改土塘为石塘，并改进海塘布置形式和塘身结构，使工程体系更为完备，工程技术大为提高。这些海塘工程是我国古代伟大的建筑工程之一。有的至今仍在运用，且被誉为海上长城。

（四）浙西海塘类型

海塘工程技术在建设过程中不断发展。最早的海塘只是就地建成的土堤。宋元间，杭州及其附近的经济发达地区大量采用竹笼工和石囤海塘来护卫；明代砌石塘工开始在杭州湾前端海盐境内推广；清代潮灾集中于海宁之后，石塘开始向海宁延展。清乾隆时规模巨大的“鱼鳞大石塘”成为护卫杭州湾的主要塘型，传统海塘工程技术至此达到最高水平。

1. 土塘

土塘是我国海塘工程最早的结构形式，由于就地取材、费用节省和建筑速度快等优点，从古至今一直是我国海塘的主要类型。土塘的大规模建设始于唐代，浙西盐官捍海塘是代表性工程。

至清代，土塘的筑法逐渐形成一定规范。兴工时间：因夏季土松、冬季土冻，在此期间施工，塘身难以坚固，一般选择在阴历二至四月或八至十月间兴工。筑塘选址：如塘身近水，易遭潮水冲刷，宜于塘外留有滩地，滩地离海距离，各地不一。塘身筑法：底厚上薄，内外都呈坡状，外壁斜坡大于内壁斜坡，以使潮波消能，降低对塘身的冲击力。

有种土塘，其位置和功能不同于海水前沿的一般土塘，它修筑于海塘以内，并与之并行，即土备塘，又称复塘或复堤，约创建于明成化三年（1477年）。万历三年（1575年），海盐县建五纵五横鱼鳞塘时，在石塘以内加筑土备塘，并在二塘间开河一道，以防潮水漫溢石塘。清雍正年间修建海宁鱼鳞塘时，鉴于旧塘大部分坍损，在旧塘以内修筑土备塘70余里。

钱镠画像

钱镠（852-932），字具五代十国时期吴越国的创建者。钱镠在位期间，征用民工，修建钱塘江海塘，在太湖流域普造堰闸，以时蓄泄，并建立水网圩区的维修制度，使两浙地区的经济逐渐得以发展

2. 竹笼石塘

竹笼石塘是五代吴越时期（893—978年）吴越王钱镠在杭州一带海岸创建的。

梁开平四年（910年），吴越王钱镠在杭州候潮门至通江门修筑海塘。最初采用板筑法，即两侧以木板夹峙，中间填土夯实，筑成土塘，以防海水涨漫。当时强潮昼夜冲激沙岸，一旦海变，两岸大片土地很快就会全部坍入江中。因此，吴越王钱镠采用竹笼装石堆砌的方法修筑海塘，这是浙江有石塘之始。

竹笼石塘的修筑是于施工现场在竹笼内充填块石，层层叠置，各层竹笼之间用木桩贯穿。海塘之外植大木十余行，称“滉柱”，用来阻挡和消减波浪对堤防的冲击，保护塘脚不受冲刷。竹笼木桩塘的出现，不仅在海塘材料和结构方面较前有很大的进步，且开始采用消能防冲措施来抵御涌潮。

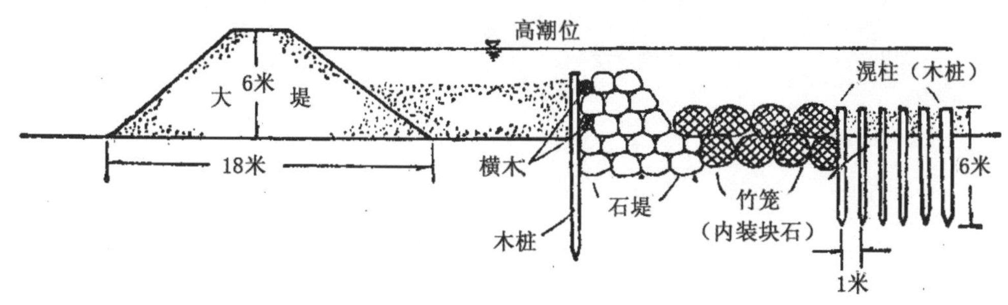

竹笼海塘工程示意图

杭州古海塘及镇海塔

3. 柴塘

柴塘又名草塘，是用芦苇与土为主要材料的防潮工程。柴塘的修筑始于北宋大中祥符五年（1012 年）。

北宋年间，浙西海塘修筑渐多，钱镠的竹笼海塘法所费工料较多。大中祥符五年（1012 年），两浙转运使陈尧佐、知杭州戚纶改用薪土筑塘，即柴塘。柴塘用一层柴薪一层土相间夯筑而成，是黄河埽工在海塘建筑中的应用。柴塘法的优点是可就地取材，省工省料；且柴土相间，抗冲能力很强，适于地基软弱、承载力较低而潮流强劲的地段。缺点是费柴较多；且是临时性工程结构，需要经常维修；可御潮却不能防风，在大风的吹袭下，往往层层掀去。

清代柴塘图（《海塘录》）

尽管存在一定的缺点，柴塘法仍是一种富有生命力的海塘结构形式，使用至今。尤其在抢险工程中，因其简单易行但抗冲能力强的特点，颇受人们重视。即便在大规模修筑鱼鳞大石塘的清代，在地基特别软弱的地段，仍采用柴塘。今日，由于柴草来源减少，柴塘逐渐退出人们视野。

4. 石囤海塘

石囤海塘的修筑始于元代，主要分布于盐官。

柴塘

盐官海岸为粉砂土，抗冲力极差，易于被潮流冲刷，导致海塘基础不稳而坍塌。元代，在钱镠竹笼海塘法的基础上，创筑“石囤木柜塘”，在以木桩捆扎而成的矩形木框内填以大石，层层叠砌石囤海塘在结构上与竹笼工同，但抗冲性能更好。

石囤海塘的功能在实践

中得以验证。元泰定年间（1324—1327 年），钱塘江北岸潮灾频繁，石囤海塘大体积的填石和块石间的缝隙，使之在提高地基承载力和吸纳潮浪冲击方面独具优势。因而，明清以来重要地段的塘工被石塘取代后，石囤仍被普遍用作石塘的基础工程和消能护塘工程。

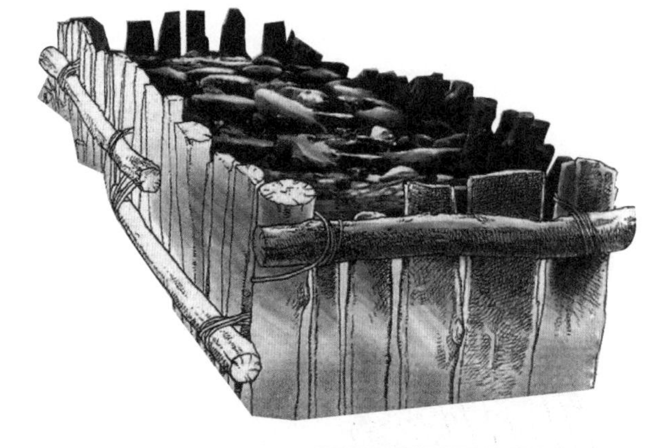

木柜

5. 直立式石塘

鉴于柴塘费料多且需年年维修，北宋景祐年间（1034—1038 年），工部侍郎筑石堤 12 里，自杭州六和塔至东青门。庆历四年（1044 年），转运使田瑜、知杭州杨偕在原有石堤基础上修筑石塘 2200 余丈。迎水面用石砌成直立墙，逐渐内收，略有斜坡，以增加稳定性和抗冲能力；背水面附以土堤作帮衬；塘基外用竹络装石做成护坦，以削弱海浪冲击力；岸线设计成略有曲折的波纹形，以削弱潮流的冲击力。

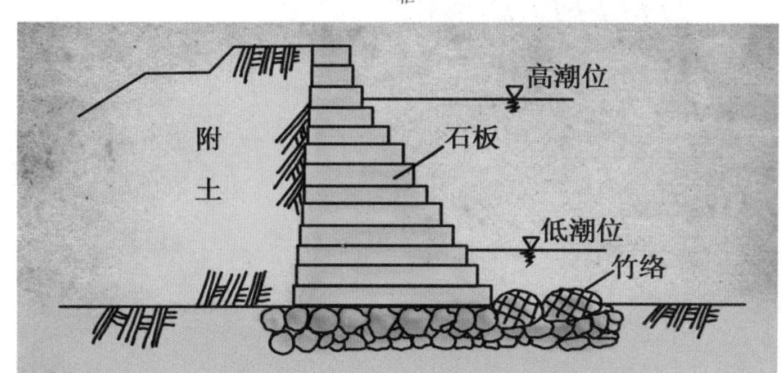

北宋田瑜、杨偕直立式石塘

6. 斜坡式石塘

与田瑜等人在杭州修建直立式海塘的同时，时任浙东鄞县知县的王安石在杭州湾南岸的镇海修建斜坡式石塘。创建于北宋的这两种石塘，都为后世所沿袭。

王安石所筑海塘为斜坡式石塘，又称“坡陀塘”。这种结构的石塘能够使潮水作用于单位面积的压力减小，适用于潮势平缓、波浪较小的地区，节省工料，砌筑容易。

明成化十二年（1476 年）、十三年（1477 年）连续两年海溢，浙江按察司副使杨瑄仿照王安石的坡陀塘式，采用竖石斜砌，垒碎石于内，使成斜坡形的方法，在海盐修筑海塘。由于海盐潮势强劲，潮波的冲吸作用强烈，

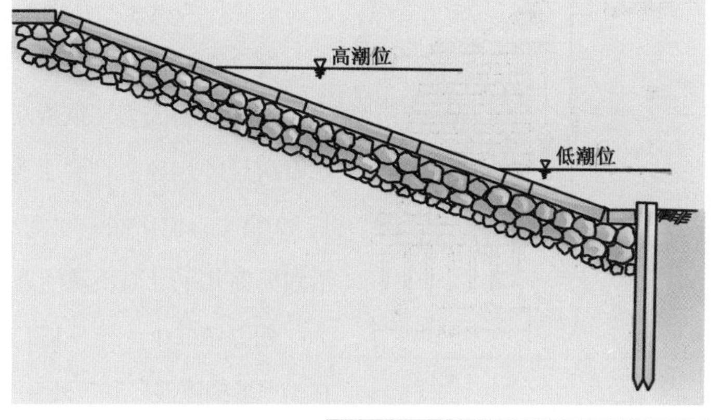

北宋王安石斜坡式石塘

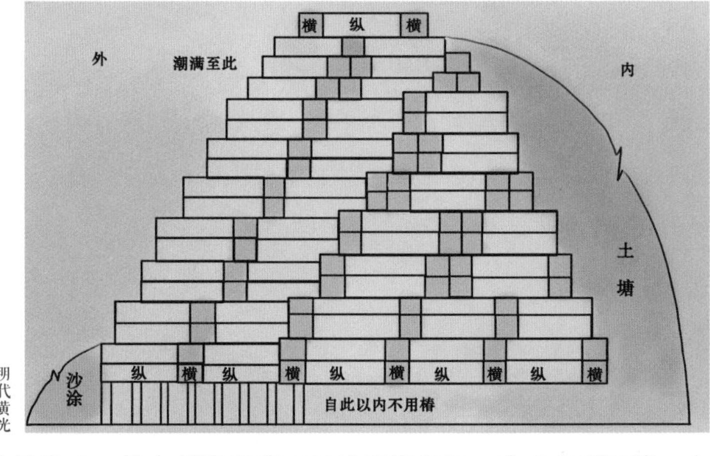

明代黄光升五纵五横鱼鳞大石塘

坡陀塘的表面砌石易被波浪卷走，其内部所填碎石易被潮流掏空，造成表面塌陷。十余年后，杨瑄所筑海塘逐渐倾塌，此后这种类型的石塘便很少用于浙西。

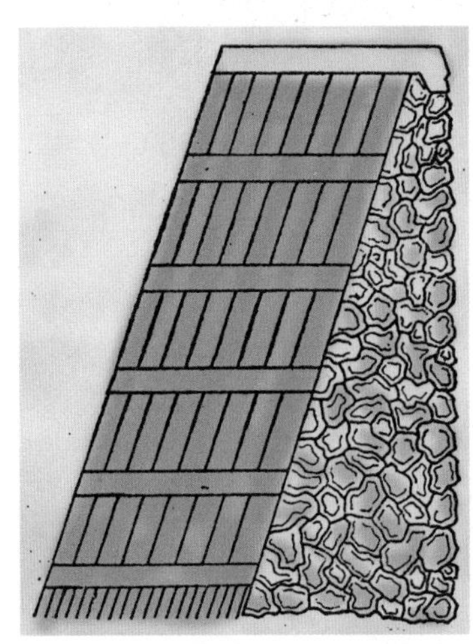
明代杨瑄竖砌坡陀塘式

7. 重力式石塘

明弘治元年（1488 年），海盐县知县谭秀鉴于斜坡式石塘自身稳定性差等缺点，采用打基桩和条石纵横叠砌的方法，筑成直立式桩基石塘。海盐修筑重力式石塘自此开始。

浙西海塘大多建于粉砂土、黏土海岸，地基松软，承载力低，抗冲性能差，在劲潮的冲击掏刷下，塘基易被掏空，从而引起上部结构的不均匀沉陷、断裂和坍塌等，谭秀所筑石塘既吸收了宋代田瑜等人直立式石塘的优点，又采用打桩基础和条石纵横错置的方法，在一定程度上克服了上述问题，是塘工技术发展历程中的重要里程碑。

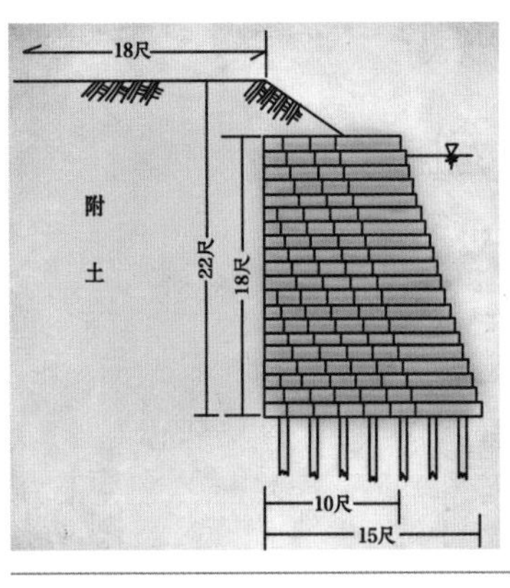

明代谭秀重力式桩基石塘

明弘治十二年（1499 年），海盐知县王玺对谭秀的砌石方法进行了改进，改“外纵内横”叠砌法为“纵横交错”砌法，使石块之间相互制约，整体稳定性增加；并要求石块尺寸一致，打磨平整，砌筑紧密，使潮水难以自石缝中渗入。王玺所筑石塘仅长 20 余丈，但历经多次潮灾而未坏，尤其是明嘉靖二年（1523 年）秋潮泛滥百余里，沿线旧塘几乎全部出现问题，唯独王玺所修石塘完好无损，因而时称其为“样塘”。

明嘉靖二十一年（1542 年），浙江水利佥事黄光升研究分析了浙西海塘的问题症结在于“塘根浮浅”和“外疏中空”，在吸取谭秀和王玺筑法的基础上进行了改进，发明“五纵五横鱼鳞塘式”，使纵横叠砌的方法更为完备。

8. 鱼鳞大石塘

清代是修筑海塘规模最大、技术水平最高的朝代，尤其是康熙、雍正和乾隆三朝，投入的人力、物力和财力为历朝所不及，而且乾隆六次下江南中有四次前往海塘工地视察，平常则以内阁重臣或封疆大吏亲自督办。清代海塘修筑重点在浙西，尤其是海宁，许多新的工程技术和结构形式在此得以应用，其中最具代表性的便是鱼鳞大石塘。

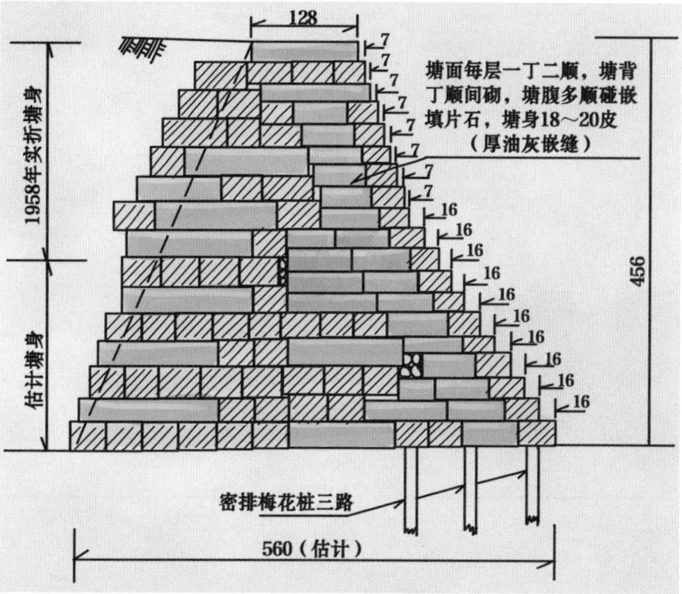

清代鱼鳞大石塘吸收了明代纵横叠砌的方法，最早由浙江巡抚朱轼在清康熙五十九年（1720 年）修筑于海宁老盐仓，长 900 余丈。

清代朱轼鱼鳞大石塘

塘身筑法：将长五尺、宽二尺、厚一尺的大石块斩凿平整，纵横交错砌筑 18 ～ 20 层，外纵内横；逐层叠砌，成品字形，每砌一层，外收四寸，内收一寸，使塘身外坡内陡。在石块的纵横侧立交界处，上下、前后凿成石槽，嵌以铁锭、铁锔，使塘石互相钩连，使之成为整体，在潮波冲击下不易散裂；石块合缝处灌以桐油或糯米汁，使塘身内部无缝水进出。

塘基筑法：先于地面开深二三尺，以见实土为宜。然后在靠海一面，用围圆一尺五寸、长一丈至一丈九尺左右的木桩深钉与土齐，各桩紧贴一起，就像马口中的排牙，因称马牙桩，以防御潮水冲刷桩缝；塘基面中部，前后再各钉马牙桩一路，共计四路。每筑塘一丈，每路用桩 20 根，四路共计 80 根。塘基面所余空间，钉梅花桩共计七路，每路用桩稍少，为 11 根，七路共计 77 根。最后用木夯把梅花桩间的土面夯实坚固。

鱼鳞大石塘经受了多次潮灾考验，雍正年间一次大的潮灾后，海宁县几乎所有的土塘、石塘都坍塌了，但朱轼的鱼鳞大石塘仍巍然屹立。此后，鱼鳞大石塘成为清代主要的海塘工程形式。乾隆年间，不惜斥巨资，将海宁县受潮流顶冲地段全部改建成鱼鳞大石塘。

（五）护塘工程

护塘工程是海塘系统的重要组成部分，特别是风潮强劲的地区。在长期的筑塘实践中，古代沿海地区的人民创造了各种类型的护塘工程。这些护塘工程中，有外护和内护之分。外护工程中，又有近护和遥护。就其保护对象而言，有护塘身和护塘根的，也有护坝和护滩的工程。修筑时，须根据各地潮势和滩涂等特点，因地制宜地选择护塘工程类型。

1. 竹笼、木柜与埽草混合护塘工

木柜和竹笼都是古代常用的水工建筑构件，被称为“聚小石为大石之法”。作为海塘护塘工，这种柔性构件所具有的消能效果得到充分的发挥。

竹笼盛石始于五代吴越王垒筑海塘。清康熙年间，用竹络、木柜法作为海塘外护工程。竹络一般长一丈左右，分为长与方两种形式，长者用于铺底，方者用以叠高。叠垒后，用大竹将各竹络连结为一体，络外密钉长桩，使不致坍散。

护塘消能工施工（《海宁念汛六口门二限三限石塘图说》）

木柜也有长与方两种形式，一般排置于塘外十余丈。每排置五柜或十柜，则以长木将其贯连为一组；各组之柜，再用巨木加以牵连；如此，可在塘外排置数十里长的木柜。垒叠时，可层叠三柜、四柜，上下用长木贯连。每排叠一列，柜外用长木密钉入地，使无坍塌之患。木柜以品字形排列，近

塘者稍高，依次降低。

以框架结构的木柜用作护塘，在水力的冲击下一旦散架，内填块石将被浪潮席卷一空。清乾隆以后以木桩、竹笼为主和埽草混合结构的护塘工逐渐普遍。这种护塘工，以木桩抵挡大浪的冲击，以柴草埽坝延缓退潮水流速度使之挂淤以护滩，利用材料各自的特点，实现了多重工程目标。

2. 坦水工程

坦水工程主要用于保护塘根，尤其是潮势强劲的海宁地区。这里“潮与江斗，激而使高，遂起潮头，斜搜横啮，势莫可当。又潮退之时，江水顺势汕刷。苟非根脚坚固，塘身难保无虞”。因而，海宁塘工修筑，历来既重视塘身，更重视保护塘根的坦水工程。

清代以前,坦水多用块石堆砌。清康熙五十九年(1720年)，大学士嵇曾筠创建鱼鳞大石塘时，因块石坦水易于坍塌，改用条石坦水。条石坦水的筑法：自塘脚向外铺砌坦水二至三层，里层高度可砌至塘身之半，向外逐渐降低，呈斜坡状。下用块石砌高，上用条石平砌。砌石之外，用长木钉排桩一至二列，加以固定。坦水工程对保护塘基免遭潮流冲刷具有很大的作用。至乾隆年间，海宁、杭州的石塘，除个别地段外，几乎全部建有条石坦水保护塘基。

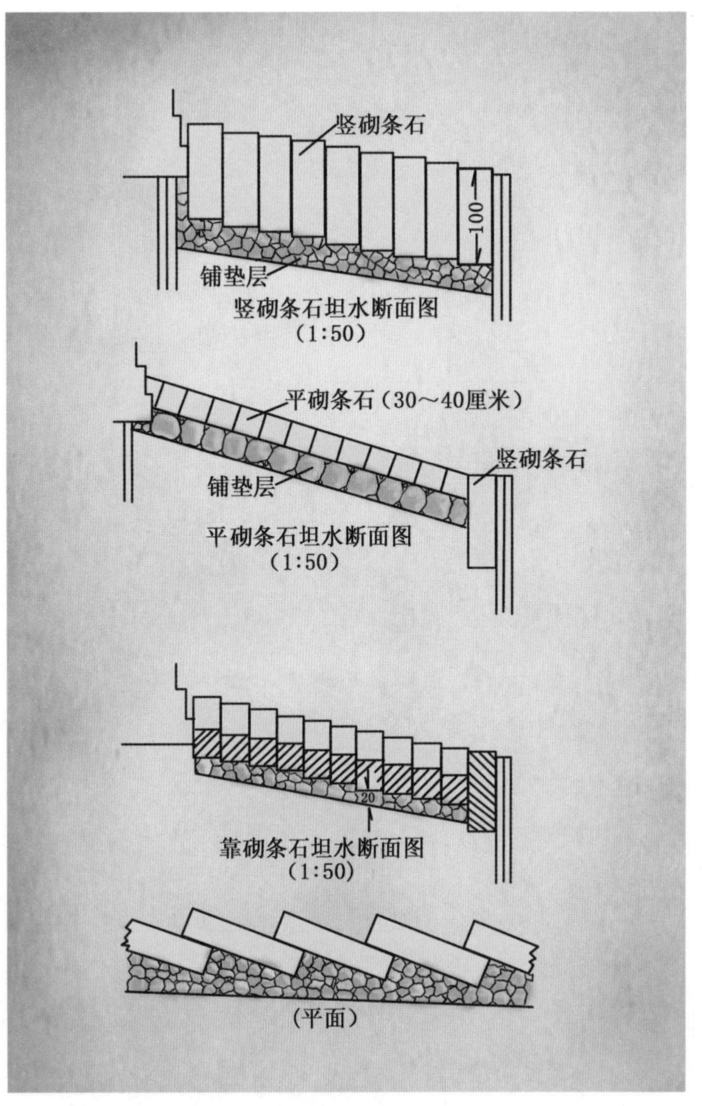

清代坦水工程

3. 挑水坝和盘头

钱塘江潮的强劲和主槽的极不稳定，造成岸滩冲淤变化较大。这种情况使得古代塘工技术不仅在塘身和塘基方面不断改进，且在挑水防冲工程技术方面取得较大成就。

清代尖山石坝工程（《两浙海塘通志》）

清代，挑水防冲工程得到普遍应用。

清代，挑水防冲工程主要有两种：挑水坝和盘头。

挑水坝就是丁坝，主要用来挑出主流，保滩促淤，使塘岸不受潮流的直接冲刷。挑水坝横截海中，短者仅几十米，长者可达数百米。清代最著名的挑水坝工程是海宁尖山石坝（又称塔山坝）。海宁临海是一段呈弧状的海岸线，海潮迅急奔驰，直冲海岸，致使此段海塘屡建屡毁。海宁城东南海岸有尖山耸立，尖山之对面有塔山位于海中，二山之间为潮流所经，主槽深达三四十丈。为保障海宁海塘安全，相传元末明初刘基在二山之间建坝，拦断潮流，后损坏。雍正十一年（1733 年），直隶总督李卫等人查勘海塘时，提出重建尖山石坝工程。次年，由总理海塘副都统隆升主持开工。历时 6 年，于乾隆五年（1740 年）建成。尖山石坝长约 800 米，分别以尖山和塔山作为天然的坝根和坝头。修建时，以标杆定位，然后抛石，最后砌竹笼。为便于施工，还在尖山以西文武庵附近先筑鸡嘴坝一道。尖山石坝伸入激流，既堵塞了尖山水道，又挑溜南趋，保护了尖山以西十余里海塘不受潮流顶冲，至今仍在发挥作用。

清代草盘头

盘头又称挑水盘头，状如半月，靠筑于海塘迎水面，分为草盘头和石盘头。草盘头始建于清雍正七年（1729 年），时涌潮顶冲海宁东塘，浙江巡抚李卫修筑盘头草坝 5

座，使水势稍缓，并引涨沙渐淤。草盘头的筑法：周围签钉排桩，中填块石竹笼，使深入软泥之下，作为底脚，上压埽料，再以长木深贯其底。每座草盘头高约三四丈，外围长三四十丈，内直一二十丈不等。盘头也有用条石环砌而成的，称石盘头，形状与作用与草盘头相同。草盘头创制以来，就被广泛用于潮流顶冲堤段，往往多做盘头密集布置，挑溜御冲效果显著。

4. 护滩工程

海塘塘外滩涂的广狭，对于海塘的安危至关重要，所谓“守堤必先守滩”。护滩工程的作用是通过护滩促淤来保护滩涂、保护坦水，进而巩固塘基。

护滩坝的筑法有二：①在滩的最险地段，紧靠低潮位的水边筑坝，内外钉以排桩，内填碎石；②在次险地段，于距水数尺处筑坝，中钉排桩一行，排桩内外垒石，中高而内外均呈斜坡状。护滩坝宜宽不宜高，潮至没于水中，潮退仍见，次第停淤。

除工程护滩外，还有植物护滩法，即在塘外滩地上广植芦苇和蒲草，下有根系固沙，上有枝干杀潮促淤，是一种费省而成效高的护滩措施。

三、古代埽工

埽工是中国独创的用于护岸、堵口和筑堤等工程的水工构件，主要用于黄河等多沙河流上。

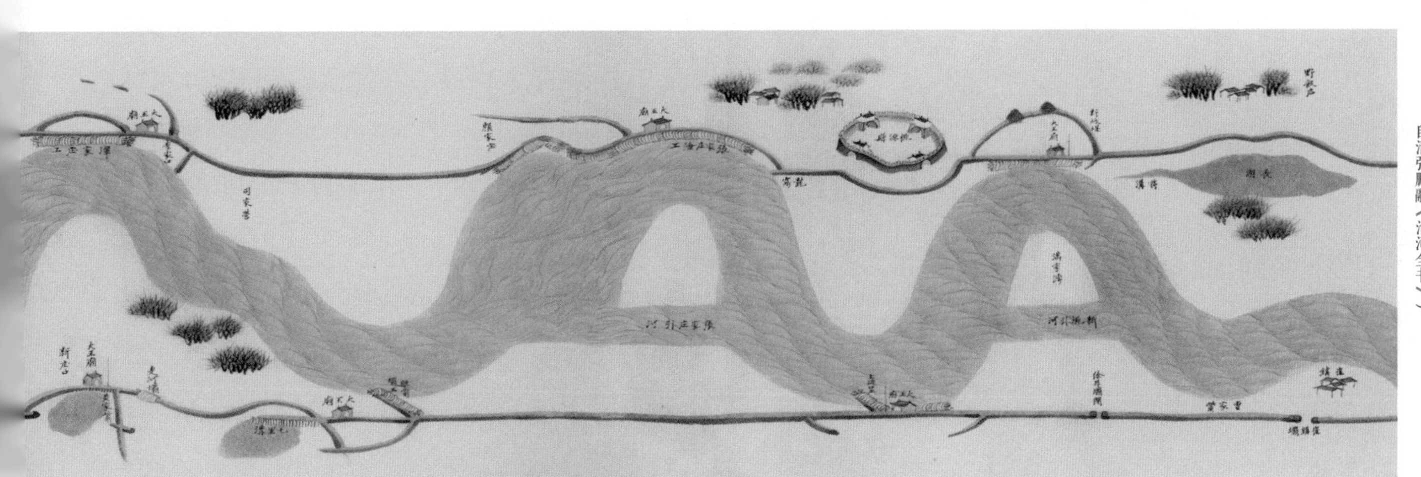

清康熙年间黄河两岸埽工（引自清张鹏翮《治河全书》）

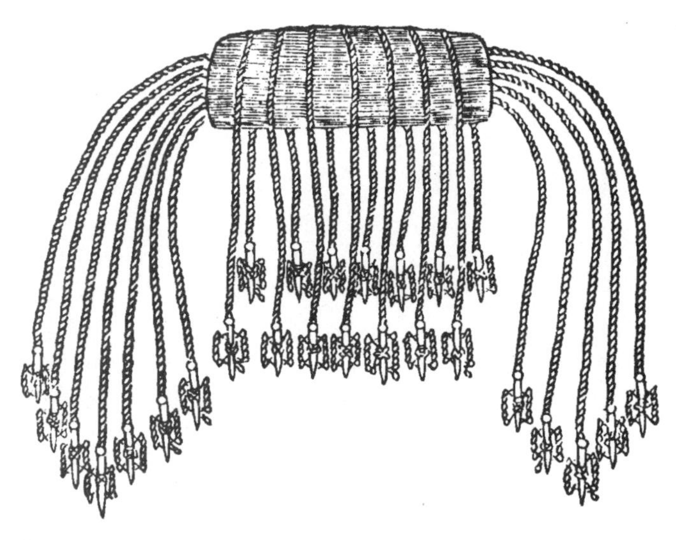

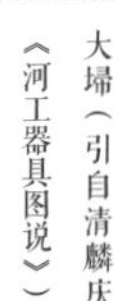

大埽（引自清麟庆《河工器具图说》）

运送埽料

（一）埽工技术的由来

埽是以薪柴、竹木等软料夹以土石卷制捆扎而成的水工构件。每个构件称埽捆，简称埽，小的称埽由或由。将若干个埽捆连接修筑成护岸、堵口等工程就称埽工。

埽工技术起源较早。战国时期，以芦苇、茅草等做成“茨防”堵塞决口，这可能是最早的草埽。汉武帝瓠子堵口所用也是埽工，以竹子为骨架。

北宋初年，埽工技术走向成熟，并得以普遍应用，正式称“埽”。天圣年间（1023—1032 年），埽工建筑已遍布黄河两岸，上起今河南孟县，下至今山东惠民，险工地段共有埽工 45 座，成为黄河防洪的关键工程。此后，随着黄河下游河道的不断北移，埽工工程也逐渐向北延伸。至元丰四年（1081 年），黄河两岸有 59 埽。埽工设专人管理，所需维修经费由政府按年拨付。

宋代以后直至民国年间，埽工一直是黄河堵口和护岸的主要工程形式。元代已有专门从事埽工制作的技术工人。清代中叶后，埽工制作由卷埽改为厢埽。

由于石料加工不易，水下胶结材料缺乏，历史时期埽工一直是不可或缺的水工构件。直到近代引进混凝土材料，才逐渐被砌石坝工所代替。目前，在一些小型防洪工程、引水工程以及施工围堰工程中，有时仍然采用埽工技术。

（二）埽工的特点

埽工是中国古代治河工程的独创，具有显著的优点：①就地取材，制作快捷，便于急用；②可水上施工，亦可分段分坯施工，能在深水情况下（水深 20 米上下）构筑大型险工和堵口截流；③所用梢草、土石等本为散料，但可用绳索、桩木等将之固结为整体；④梢草、秸料等具有良好的柔韧性，易于适应水下的复杂地形（尤其是软基），易于缓流、留淤；⑤用埽工构筑施工围堰，完工后便于拆除。

然而，埽工自身也存在着严重的缺陷，这主要表现在如下三个方面：首先，梢草、秸料和绳索等易于腐烂，需经常修理更换，花费较多；其次，埽体的整体性较石工等永久性建筑物差，往往一段蛰陷，即牵动上下游埽段连续蛰塌、走移，形成严重的险情；最后，埽工桩绳操作运用复杂，施工工人必须技术娴熟。

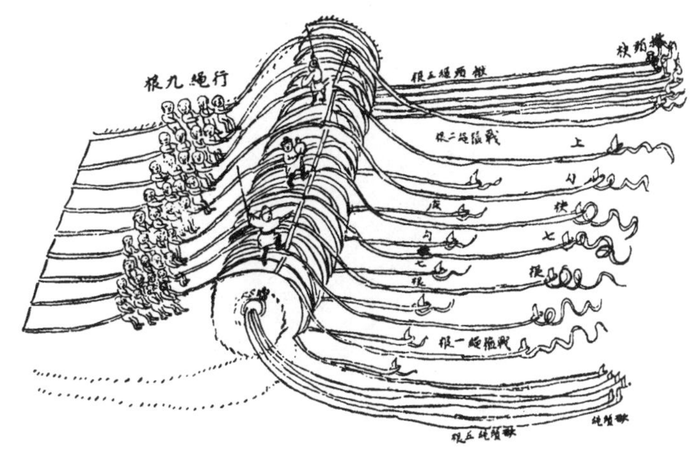

清代绘制的卷埽施工示意图

（三）埽工的用料

埽捆的用料颇有讲究，宋代卷埽制作中，柳梢与草的比例为“梢三草七”。元代卷埽用柳梢较少，不及草的1/10。明代埽工柳梢所占比重为草的 1/5，无柳梢时用芦苇代替。清代逐渐以秸秆代替柳梢。

梢草与土料的比例，黄河所用埽工的制作经验是“埽内宜软不宜硬，宜轻不宜重”，即充分利用黄河含沙量大的特点，使水中的泥沙透入埽中，进一步加固埽体。

（四）宋代卷埽

宋代河防工程中所用的多是卷埽。宋代卷埽程序如下：①选地，即先选择一处宽平的堤面作为埽场；②铺料，即沿地面密铺草绳，草绳上铺以梢枝、芦苇之类的软料，软料上压土一层，并掺以碎石，然后再将大竹索横贯其间，即所谓的心索；③卷捆，即将逐层铺好的埽料卷捆起来，然后用较粗的尾绳拴住两头，埽捆由此做成；该埽体积

推埽入河

颇大，一般高数丈，长倍之，移动时需几百甚至上千人。④就位，即将埽捆移至堤身薄弱之处，推下河，并用竹小索系于堤岸的柱橛上，在埽上打进长木桩，使之直透地下，将埽固定起来。“埽岸”由此做成。

（五）清代厢埽

清乾隆以后，厢埽（又称软厢）逐渐取代卷埽。卷埽制作需要宽敞的施工埽台，若卷制直径 1 米的埽，则须宽 7 米的埽台才能卷得紧实。此种埽台费时费力，因而，至

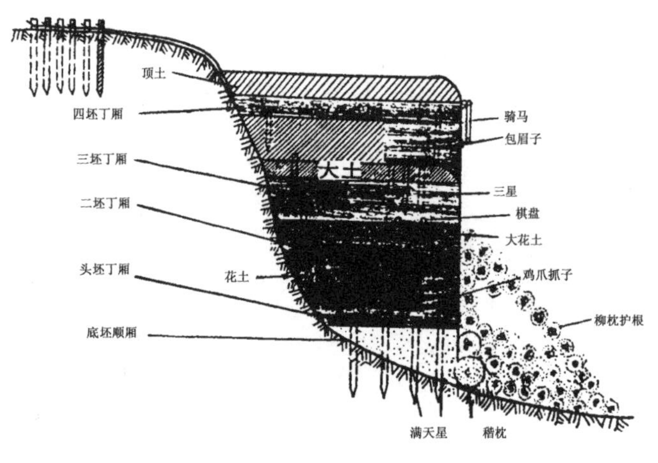

厢埽纵断面图

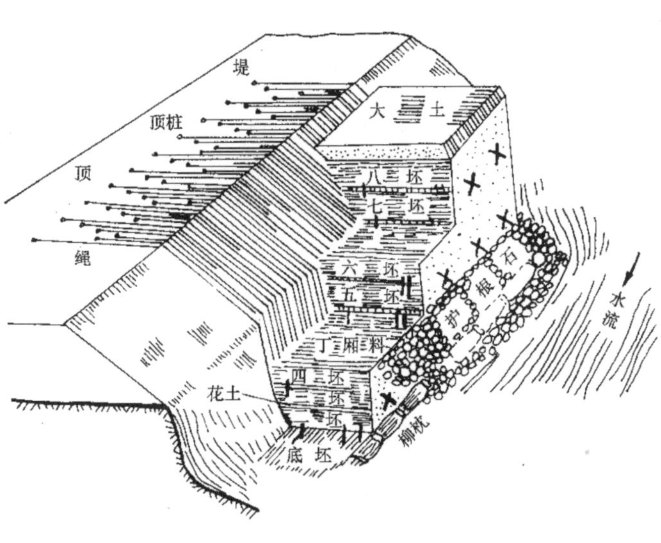

厢埽结构示意图

1935 年黄河董庄堵口时主坝柳石枕合龙下口的情形

乾隆年间慢慢演化成捆厢船，即埽的制作改在堤面与捆厢船之间进行。施工时将一大船（捆厢船）横于坝头，在船和堤之间铺以绳索，绳索上铺以秸料和土，然后用绳和固定桩将之捆扎起来，做成一坯。如此，一坯一坯地逐层压向河底，质量较高。而且，由于秸料较软，就地取材，短时间内即可做成庞大的埽体，较之卷埽灵活省工。

厢埽法分为顺厢和丁厢两种做法。顺厢就是将秸料顺水流方向铺放，丁厢就是除底部一坯的秸料顺水流方向平铺外，其余各坯秸料的铺设方向与水流垂直。顺厢多用于堵口；丁厢多用于护岸和防凌。

四、古代堵口工程

我国历史上水灾频仍，河道决口不断，尤其黄河，堵口任务繁重，工程艰巨。在长期的堵口工程实践过程中，古代堵口工程技术不断提高。

（一）堵口工程技术的由来

早在先秦时期已有堵口工程的记载，但无具体地点和内容。有文献记载的大规模堵口工程始于西汉瓠子堵口。

汉代至隋唐时期，黄河安流 800 余年，堵口工程较少。宋代，黄河决口频繁，堵口工程不断，堵口技术日渐提高。至元代，贾鲁在其主持的白茅堵口工程中创造了沉船堵口技术。

明清时期，黄河南行自江苏入东海，但却不断向北决口。为了确保黄河以北的京杭运河山东段漕运的畅通，频繁进行黄河堵口工程。明清时期是一个传统堵口技术逐渐走向成熟的时期，也是一个对堵口技术进行全面总结的时代。

（二）汉武帝瓠子堵口

春秋战国时期逐渐形成的黄河下游两岸系统堤防，为秦汉时期的经济发展和社会稳定提供了有力的屏障。同时，堤防工程的负面作用随之出现：河槽迅速淤积，地上“悬河”逐渐形成，决口开始频繁，防洪日见艰巨。

随着黄河主河槽淤积的加快，汉文帝前元十二年（前 168 年），黄河第一次自然决口，

瓠子歌

刘彻

瓠子决兮将奈何？皓皓旰旰兮闾殚为河！殚为河兮地不得宁，功无已时兮吾山平。吾山平兮钜野溢，鱼沸郁兮柏冬日。延道弛兮离常流，蛟龙骋兮方远游。归旧川兮神哉沛，不封禅兮安知外！为我谓河伯兮何不仁，泛滥不止兮愁吾人？啮桑浮兮淮、泗满，久不反兮水维湲。

河汤汤兮激潺湲，北渡污兮浚流难。搴长茭兮沈美玉，河伯许兮薪不属。薪不属兮卫人罪，烧萧条兮噫乎何以御水！颓林竹兮楗石菑，宣房塞兮万福来。

——司马迁《史记·河渠书》

此后逐渐频繁。自汉武帝开始，治黄成为国家要务。汉武帝元光三年（公元前132年），黄河在今河南濮阳西南的瓠子决口，洪水向东泛滥，南侵淮河流域，十六郡受灾。西汉名臣汲黯、郑当时先后主持堵口，但都未成功。23年后，汉武帝亲帅群臣堵口，沉白马、玉璧祭祀河神，自将军以下官员都参加施工。由于决口长达20余年未堵，口门很宽，跌塘较深，堵口工程艰巨。在汉武帝所作《瓠子歌》中，描述了瓠子决口后的水灾和堵口工程的艰巨。为了堵口，淇园（战国时卫国的著名园林）的竹子都被砍光。瓠子堵口成功后，汉武帝在堵口处修筑"宣防宫"，后代多用"宣防"指称防洪工程建设。

瓠子堵口后不久，黄河在下游北岸（今河北）馆陶决口，向北分流，称屯氏河。屯氏河与黄河平行，起到了分流减水的作用。屯氏河分流70年后，黄河在（今河北）清河境内再次决口，其后决口不断，到西汉末，黄河弃旧道走新河，主河道在今山东千乘入渤海，这条路线与今黄河相近。

捆埽（《中国科学技术史》水利工程部分）

（三）元代贾鲁白茅堵口

元至正四年（1344年），黄河在今山东曹县白茅决口，后又北决金堤，泛滥7年之久，不仅百姓深受其害，京杭运河会通河段也面临严重的威胁。至正十一年（1351年）四月，元政府命工部尚书贾鲁主持白茅堵口。七个月后，白茅决口成功堵塞。这是中国水利史上规模大、风险高的一次堵口工程，共动员军队和民工17万余人参与其事。

白茅堵口之际正值黄河主汛期，加之决口处水流湍急，贾鲁在堵口前首先整治旧河道，疏浚减水河，培修堤防，为正式堵口做好充分准备。然后，采取如下四个步骤实施堵口工程：

（1）在决口上游修筑刺水大堤三道，总长26里200步，用于挑溜，以减弱口门处的水势。

（2）修建截河大堤，长 10 余里，用于约拦水势、挽归故道。

（3）做石船堤障水。这是贾鲁堵口工程中的创新。上述两项措施虽使故道通流，但决河水势仍然很大。一方面，决口处水势汹涌，难以自两边同时下埽合龙；另一方面，如不尽快合龙，恐黄河水全入决河，导致正河淤塞。情急之下，贾鲁创作石船堤障水法：逆流排大船 27 艘，用大桅或长桩前后相连为一体；船上铺满埽捆；每船各有水工 2 人，以岸上鼓角为号，一齐凿船，水入船沉；然后加铺大埽，形成石船堤。由于石船堤具有挑流作用，主流尽归正河，决口处的水量减少，为合龙创造了条件。

（4）石船堤挑流成功后，贾鲁命人迅速在口门处下埽，龙口逐渐堵合，决河流断，故河复通。

贾鲁白茅堵口动用民夫 15 万人、士兵 2 万余人，该工程四月动工，五月即发生颍州农民起义，河南大乱，最终导致元朝的败亡。然而，贾鲁所用石船堤是堵口技术上的一个创新，在伏秋汛期进行堵口则是河工史上的罕见之举。

（四）清代堵口进占技术

清代堵口工程频繁，堵口技术逐渐成熟。堵口工程由传统的卷埽法改为顺厢进堵。堵口进占的方式则根据决口口门的大小、水势的缓急，分别选用单坝进堵、双坝进堵和三坝进堵。

决口口门较小、水势平缓时，一般采用单坝进堵的方法。即用单坝从上坝头进堵，与此同时在坝后加筑土戗，下坝头则加以裹护，最后在一端合龙。人们形象地称之为“独龙过江”。也可从口门两端同时向中央进堵。

决口口门较大、水势湍急时，上下水头差加大，如单坝进堵，有可能出现蜇塌出险、功亏一篑的局面，此时多采用双坝进堵的方法。即在正坝上游加修上边坝一道，以为正坝挑溜；或者在正坝下游加修边坝一道，以巩固正坝坝身，抵御水流冲刷。正坝与边坝之间填以淤土，称“土柜”，高与坝平，上游侧称为上戗土柜，下游侧称下戗土柜。双坝进堵相较单坝进占而言稳妥可靠，因为两坝口门收窄时，上水高于下水数丈，势若建瓴，呼啸而下，坝后愈刷愈深，所修之坝不断塌陷。如增修二坝加以擎托，正坝上水与二坝下水之

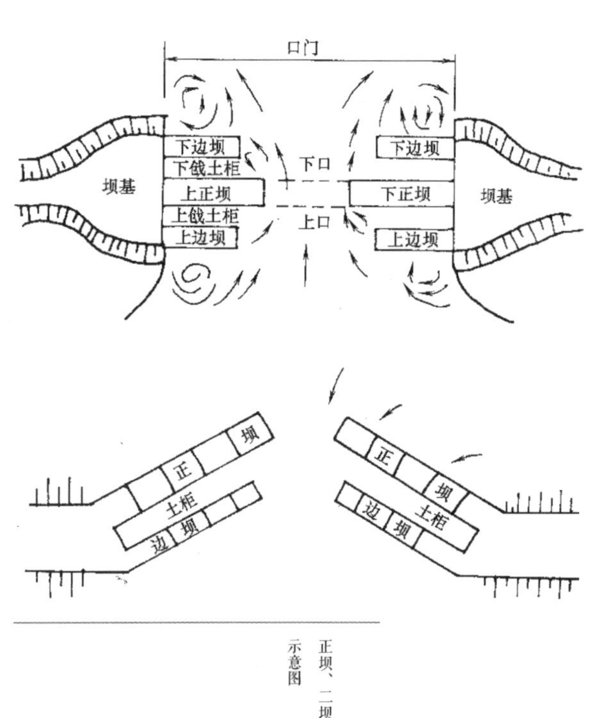

正坝、二坝进堵示意图

双坝进堵示意图（选自《大工进占合龙图》）

正坝、二坝联合进堵示意图（选自《大工进占合龙图》）

间的高差不过三四尺，二坝与决口下游水面高差不过四五尺。总的高差不及一丈，却一分为二，由两坝来承受，正坝的压力由此减轻。二坝与正坝之间的距离不可过远，二百丈左右比较恰当。为保险起见，二坝进堵时，各坝下游还需同时修筑各自的边坝。

如果正坝、上边坝和下边坝三坝同时进堵，则为三坝进堵。三坝进堵，口门处的水头差将一分为三，大大减少了正坝承受的水压力，进堵埽坝安全更有保障。

（五）清代合龙埽工技术

当两岸堵口坝工进占至相距 20 米左右时，便进入到堵口决战阶段，此时的口门称为龙口，堵闭龙口的工程称合龙。合龙难度较大。

清代合龙施工主要有卷埽和厢埽两种方式。厢埽是清代的创新，也是主要的合龙方式。但在那些合龙口门水势湍急、土质较差、捆厢难以施工的地方，仍采用卷埽。

合龙埽体的容重较大，柳与草的比例为 7 : 3。埽工的定位主要依靠绳索而非贯通

（a）合龙之一

（b）合龙之二

（c）合龙之三

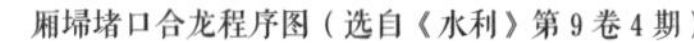

厢埽堵口合龙程序图（选自《水利》第9卷4期）

黄河堵口图

黄河堵口合龙图

埽体的签桩，所用绳索须“多而壮”。待埽枕全部沉定后，下签桩将埽体固定于河底，同时将绳索牢牢拴在两边的木桩上。

合龙时，先在口门两端牵拉绳网，即俗称的“龙衣”，龙衣用小绳紧紧扎在合龙缆上，其上铺以秸料和土袋；然后由施工人员在上面跳踩下压，同时放松合龙缆；待埽料沉至水面，再在其上铺放埽料；如此逐层下压，直至将埽压到河底，堵口合龙。双坝进堵时，一般正坝先于边坝合龙。厢埽过程中，合龙缆的操作至关重要，常常发生因松绳不均导致卡埽或扭埽的现象；此外，必须确保埽体一压到底。

五、古代护岸工程

保护堤岸，是古代防洪工程的重要组成部分。除正常防护外，还包括汛期抢险工程。

早在战国时期，已出现护岸工程。西汉时，石工护堤护岸已普遍推广。至迟在东汉时已出现挑溜护岸工程。宋代护岸工程类型繁多，建筑材料丰富，不仅有埽工护岸，还有木岸，以及“锯牙”和“约”等挑溜工程。明代，总结出“植柳六法”等植物护堤的方法。清代提出抛石护岸等措施。

（一）埽工护岸

埽工护岸是宋代后普遍采用的护岸工程，主要用于河岸险工地段或堤防薄弱地段。

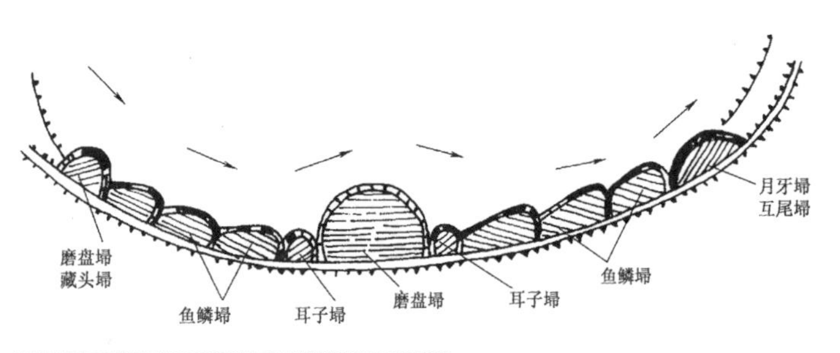

清代主要埽工种类示意图

埽工护岸最迟始于战国时期，其名称历代有所不同。战国称为“据”。《管子·度地》记载：“堤防可衣者衣之，冲水可据者据之，终岁以毋败为固。”其中的“据”应该是护岸险工。

古代的护岸埽工，依其形状主要有磨盘埽、鱼鳞埽、马头埽和锯牙等名称。

清代中叶，黄河在铜瓦厢以下两岸险工地段做护岸埽工不下百余处，鳞次栉比，全赖其御水。

往石坝下抛柳石枕护根

下埽固堤

（二）木龙护岸

木龙护岸首创于北宋天禧五年(1021 年)，由滑州知州陈尧佐创建。时黄河水涨，滑州城西北毁坏，筑堤叠埽，又“凿横木，下垂木数条，置水旁以护岸，谓之木龙”。这是黄河局部河段以木御冲的实践。除黄河外，北宋在汴河上也有以木护岸的技术，称为“木岸狭河”。

清代木龙挑溜护岸首先用于清口一带（今江苏淮安码头镇），由乾隆初年河道总督高斌提出。时泰州判官李昞建议河道总督高斌于清口附近的黄河南岸试用木龙，保护险

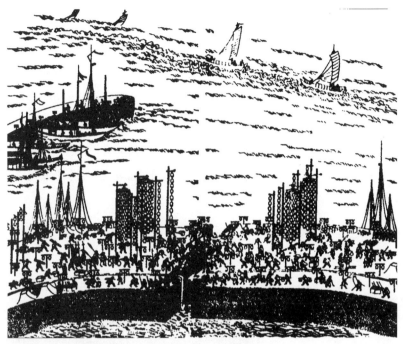

牵工合龙图（选自清麟庆《鸿雪姻缘图记》）

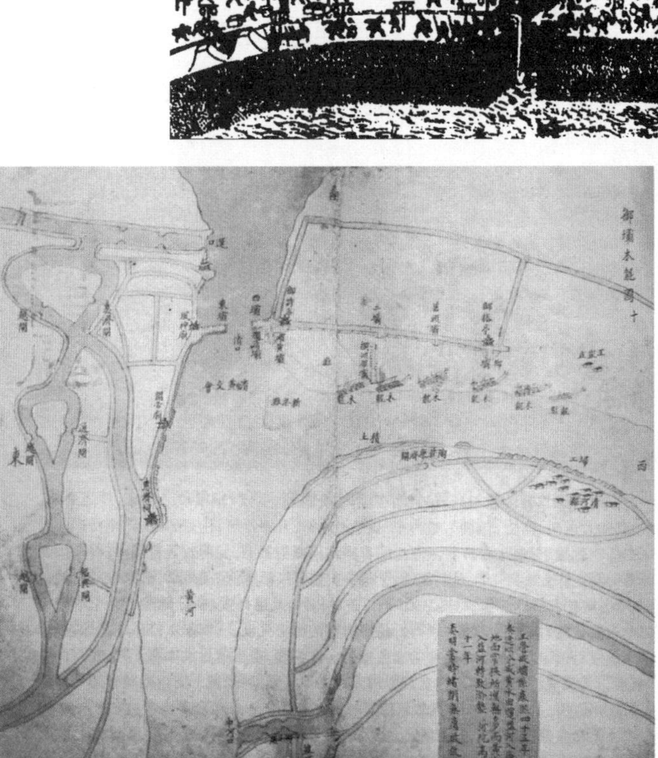

清口御坝木龙图（李孝聪《淮安运河图考》）

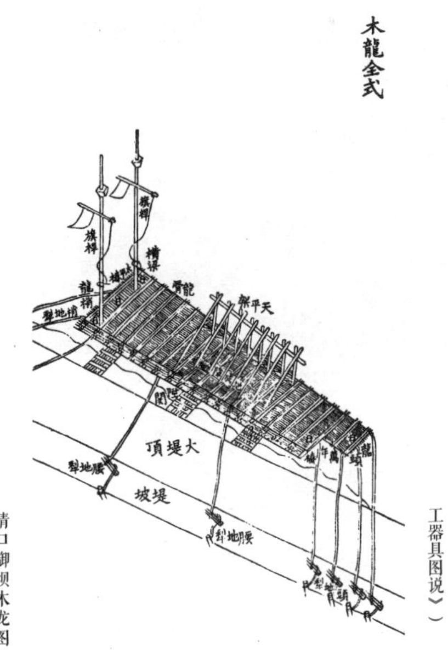

木龙（清麟庆《河工器具图说》）

> 木龙制如鹿角，枝桠交舞其中。编竹为障，置急流中，水经过而沙渐淤。宋臣陈尧佐创为是法，前代治河者未得其用。近河员李昞陈之总河高斌，斌用之，随著成效。朕临视河工，目击其制，诗以记之。
>
> 刊木遗来天用奇，淤沙御水两兼宜。
> 密茭奚事搴横浦，曲岸居然涨远涯。
> 鳞次常令波浪静，蟠拿那许戾蛟驰。
> 陈尧佐创高斌继，绩奏安恬制永垂。
>
> ——乾隆《木龙》

工，作用显著。人称“盖木龙能挑水，护此岸之堤，而水挑即可刷彼岸之沙，较之下埽开河，事半功倍”，赞誉有加。此后又在清口附近建造木龙多架。乾隆南巡期间曾两次专门视察木龙，并赋诗赞叹。

清代木龙的形制和构造在道光年间成书的《河工器具图说》中有详细说明。木龙用原木扎排，上下共九层，高约一丈八尺。平面长十丈，宽一丈，用竹绳捆扎成立体构架。另有地成障，长一丈八尺，宽一丈，也用原木捆扎成排，中间用交叉小木和竹片编织。将地成障向下插入木龙构架的空档，则可以起到“截河底之溜，所以溜缓沙淤，化险为平”的作用。

（三）石工护岸

石工护岸有砌石、竹笼工和险工段抛石护岸等。

黄河朱口埽坝（1935年）

西汉末年黄河上已有石堤，类似石砌护岸的堤防。北宋年间，已有砌石护岸的规范做法。大约是先挖地基，再打地钉桩，其上修砌石堤。不过古代黄河上的石砌护岸较少，而长江、珠江等南方江河上较多。

抛石护岸是主要用于配合埽工或石工的护岸工，以保护堤脚避免顶溜淘刷。抛石并形成斜坡，也有消浪作用。抛石护岸始于清乾隆年间，嘉庆年间在黄河下游普遍使用，道光初年逐渐推广。道光年间的河道总督黎世序是抛石护岸的积极推动者，他在给道光帝的一封奏疏中总结其效果：“间段抛护碎石，上下数段，均依以为固。且埽段陡立，易致激水之怒，是以埽前往往刷深至四五丈，并有至六七丈者，而碎石则铺有二收坦坡，水遇坦坡即不能刷。且碎石坦坡，黄水泥浆灌入，凝结结实，愈资巩固。”

（四）植树护岸

古人对于植树种草保护堤防早有认识。战国时期堤防维护就有“岁埤增之，树以荆棘，以固其地。杂之以柏杨，以备决水”的规定。宋太祖于建隆三年(962 年)十月的诏书中,要求“缘汴河州县长吏,常以春首课民,夹岸植榆柳,以固堤防”。开宝五年(972 年)又下令沿黄河、汴河、清河和御河(今南运河)州县种树。景德三年(1006 年)仅首都开封一地就“植树数十万，以固堤岸”。

明嘉靖年间总理河道刘天和对堤防种柳经验进行了系统总结，提出“植柳六法”并推广应用。植柳六法有卧柳、低柳、编柳、深柳、漫柳、高柳之分。其中卧柳和低柳在堤内外坡自堤根至堤顶普遍栽种，编柳则主要栽于堤防迎水面的堤根。这三种种法插柳的直径和柳干出露高度有所不同，但主要都用在堤防不迎溜处以护堤。而在水溜顶冲堤段,为起到消浪防冲作用,则需种植深柳。深柳可连栽 10 多层,“下则根株固结,入土愈深;上则枝梢长茂，将来河水冲啮亦可障御”。漫柳主要栽种在滩地上。高柳必须用长柳桩种植，有遮阴作用，尤其在运河两岸堤面上应用最广。

对于堤防种柳,潘季驯的认识与刘天和有所不同。潘季驯强调应用卧柳和长柳两种,但只宜栽种在“去堤址约二三尺(或五六尺)”的滩面上。潘季驯还主张在堤根处栽种芦苇,等芦苇繁茂后，“有风不能鼓浪”；而在堤坡上，潘季驯不主张种柳，只赞成种草。

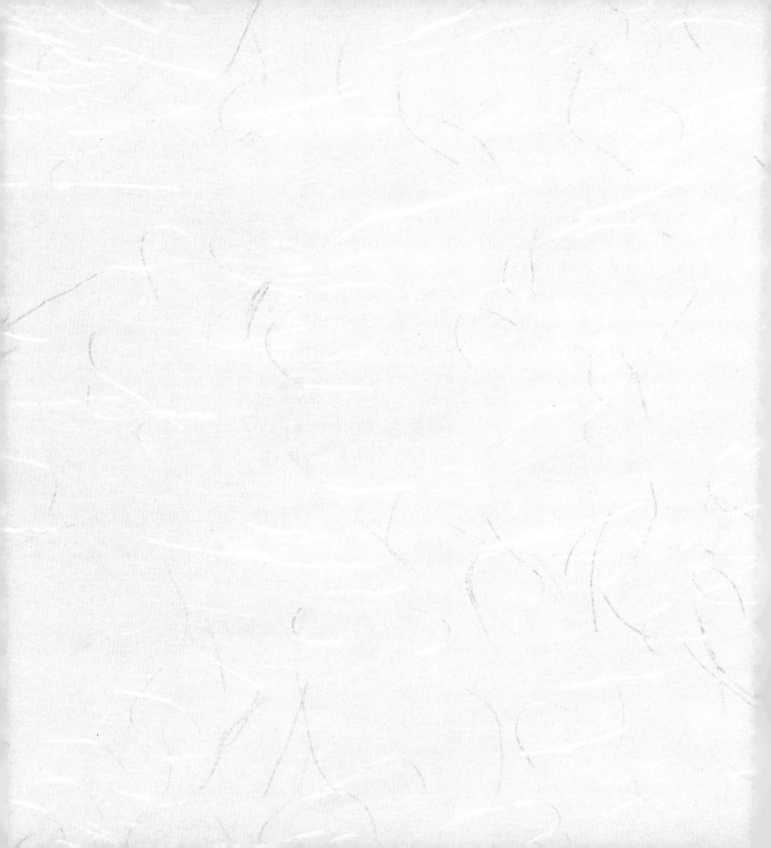

第二章　古代灌溉工程

中国历史悠久，自然条件和水文水资源条件千差万别，使得中国灌溉工程起源久远，类型丰富，分布广泛。

一、大型引水灌溉工程

战国时期，诸侯争霸，出于富国强兵的需要，灌溉工程普遍受到重视，长距离引水灌溉工程开始出现，其中以秦国在黄河流域修建的引泾灌溉工程郑国渠、长江流域岷江上修建的都江堰最为著称。秦汉时期，为巩固西北边防，实施屯垦戍边，宁夏和内蒙古河套等地区出现大型灌溉工程，并逐渐发展成著名的灌区。

（一）郑国渠

关中平原位于黄河流域中游，黄河支流渭河自西而东穿过关中平原。关中水资源比较缺乏，年均降雨量约 700 毫米，灌溉是维持农业的重要保证。秦定都平原西部的咸阳并完成其统一大业，其后汉、隋、唐以咸阳以东的长安为首都，关中作为中国政治中心时间长达 1000 年。这期间各朝中央政府无不倾举国之力兴建和经营关中灌溉工程。

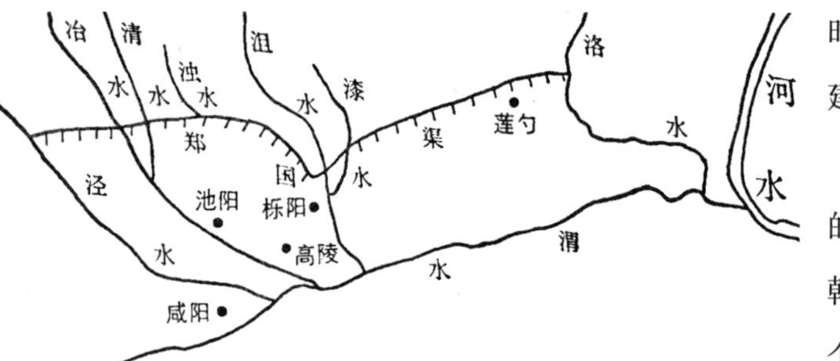

郑国渠经行示意图

郑国渠始建于秦始皇元年（公元前 246 年），当时秦国的实力与日俱增，统一六国的条件日臻成熟。作为近邻的韩国深恐自己成为首当其冲的目标，惊惧之余，拟定了一个意在“疲秦”的策略，亦即派一名叫郑国的水利工程师（当时称“水工”）前往秦国，劝说秦王嬴政修建大型水利工程，企图藉此消耗秦国的人力、物力，达到其阻止或延缓秦国东征六国的目的。然而，秦国很快便察知了韩国的这一计谋，其时工程正在进行当中，郑国以其过人的胆识和远见替自己辩解道，修此工程只能让韩国苟延残喘几年，但却能为秦国带来巨大而长久的利益。秦王接受了郑国的辩护，继续任用他修建该项工程。十余年后，渠成。关中地区一跃而为沃野，秦国由此走向强盛，最终兼并了各路诸侯并一统中国。因而，该渠以郑国之名命名为郑国渠。

郑国渠遗址

郑国渠有准确的渠道规划和渠系设计。郑国渠的干渠引泾水东流后注入洛水。郑国渠干渠东西长150公里，自西而东布置于渭北平原二级阶地的最高线上，位于干渠以南的灌区可以自流灌溉。郑国渠以含沙量极高的泾河为水源，以有机质含量较高的浑水灌溉，使灌区的盐碱地成为良田，贫瘠的渭北平原成为“无凶年”的沃野。

郑国渠渠首遗址

郑国渠成功的工程规划为后来的灌区扩展奠定了基础。西汉汉武帝时（公元前140—前135年），沿郑国渠向南修建了一条新干渠——白渠。白渠得名于提议修建这条渠道的一位官员的姓氏，郑国渠后来因此改称“郑白渠”。郑白渠受益面积包括今陕西泾阳、三原、高陵等县，灌溉面积达到180000多顷。唐代郑白渠继续扩建，分出三支干渠：太白渠、中白渠和南白渠，因又称三白渠。唐中期，长安的皇亲国戚、达官贵人纷纷在郑白渠灌区购置田产，经营庄园，并在干渠上架设水磨、水碾，由此扰乱了渠系配水，致使灌溉面积下降至6200顷。

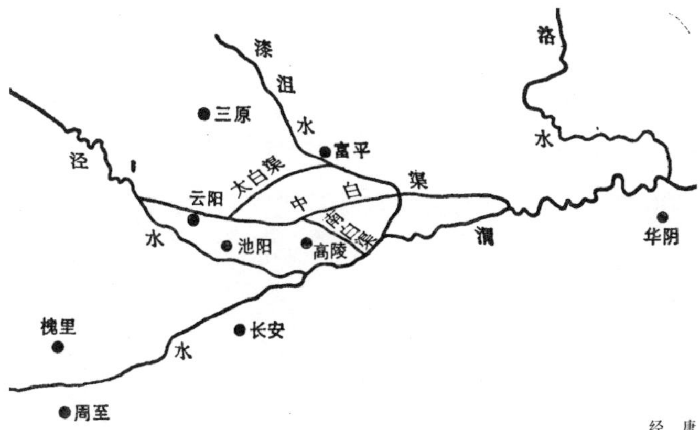

唐代三白渠经行示意图

宋代（9世纪时），郑国渠渠口由于泾河河床下切，渠首已经很难自流引水。宋熙宁五年（1072年），神宗皇帝以政府救灾款项对郑国渠渠首进行了改建。改建工程没有完成，因关中大旱而被迫中止，直到36年后改建工程才完工，改造后的

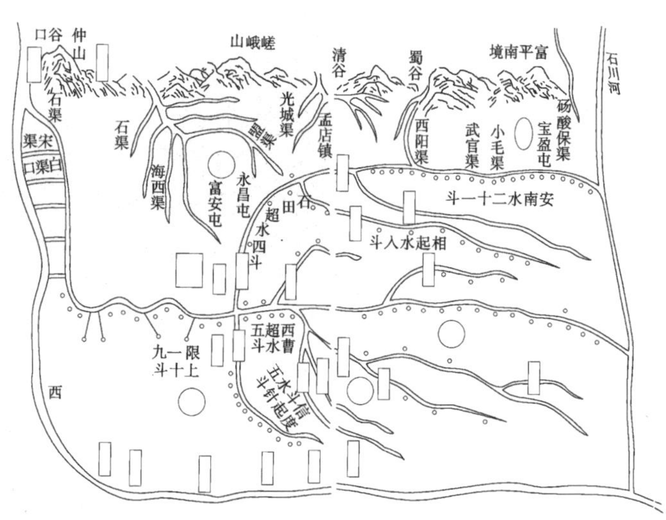

元代绘制的泾渠口逐代上移图

郑国渠干渠向上游延伸了 2 公里。渠首设置回澜、澄波、静浪和平流四座节制闸，以控制汛期渠道引水量。另外还在干渠和山溪的交汇之处修建了立交建筑物，用以引导山溪顺利地穿过干渠。两年后，工程完工，泾阳、醴泉、高陵、栎阳、云阳、三原和富平等七县的田地得以灌溉，皇帝赐渠名“丰利渠”。

尽管宋代以后渠首多次改建上移，但由于泾河河床下切，引泾日渐不易，灌溉面积日趋缩减。至清朝末年（1911 年），灌区只剩下 1300 多顷，且只能以引取渠道上游的山泉为源。

20 世纪 30 年代，从德国留学归国的水利学家、时任陕西省水利局局长的李仪祉主持修建了泾惠渠。泾惠渠是一座有坝引水枢纽，泾河上修筑有长 68 米，高 9.2 米的溢流式拦河坝，侧向设置 3 孔进水口（高 1.75 米，宽 1.5 米），部分利用了原有的渠道。拥有 2000 年历史的引泾灌溉得以恢复，灌溉面积达到 33000 顷。泾惠渠是中国第一座应用西方工程技术修建的大型灌溉工程。20 世纪 50 年代之后，泾惠渠拦河坝多次加高，渠道不断改造，灌溉面积增至 80000 顷。

李仪祉

（二）都江堰

都江堰是中国古代建设并使用至今的大型水利工程，位于四川省都江堰市城西，岷江上游 340 公里处。都江堰是由战国时秦国蜀郡太守李冰于约公元前 256 年至公元前

泾惠渠渠首拦河堰

泾惠渠隧洞

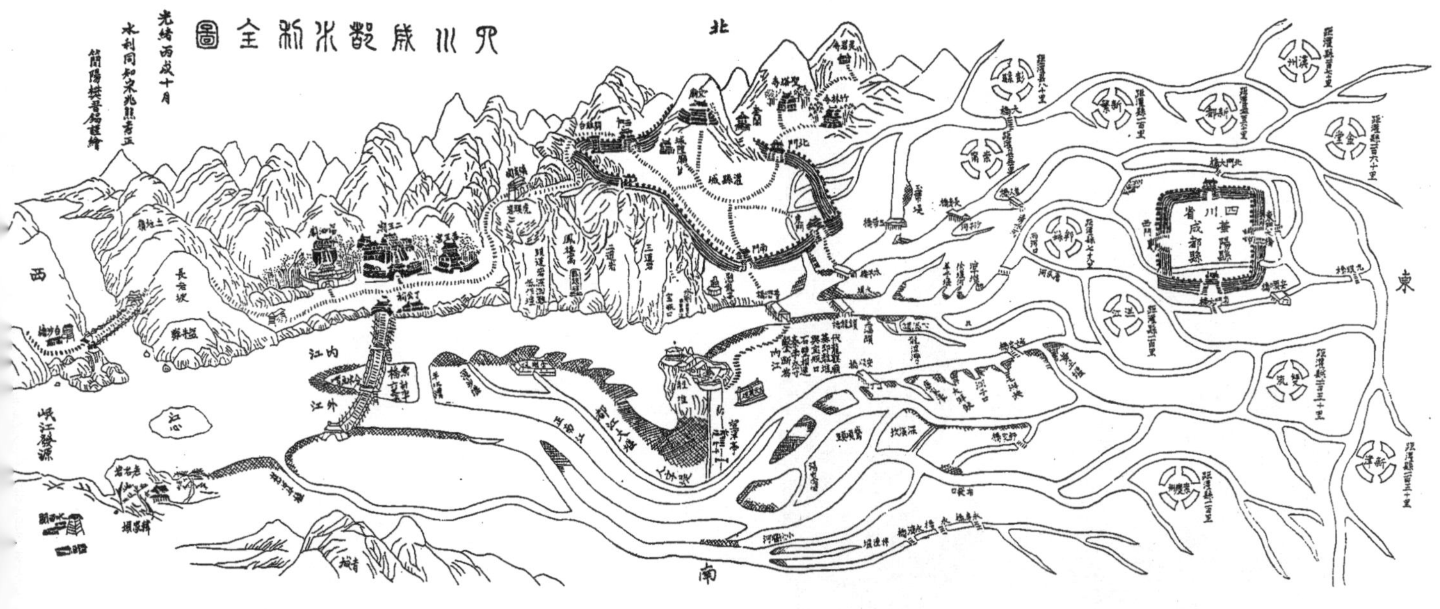

四川成都水利全图（1881年）

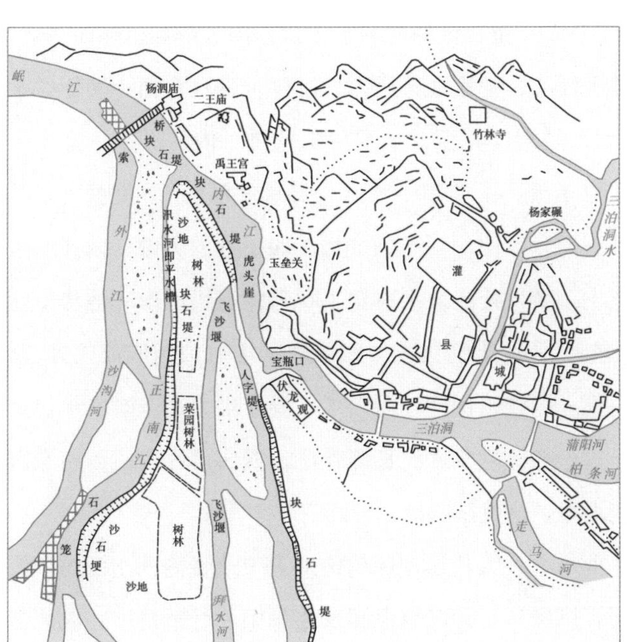

都江堰渠首位置图（1910年）

李冰雕像

251 年主持始建的。经过历代整修，2000 多年来都江堰依然发挥巨大的作用。都江堰周边的古迹甚多，主要有二王庙、伏龙观、安澜桥、玉垒关、凤栖窝和斗犀台等。

鱼嘴与内江、外江位置关系图

整个都江堰枢纽可分为堰首和灌溉水网两大系统，其中堰首包括鱼嘴（分水工程）、飞沙堰（溢洪排沙工程）、宝瓶口（引水工程）三大主体工程，此外还有内外金刚堤、人字堤及其他附属建筑。都江堰工程以引水灌溉为主，兼有防洪排沙、水运、城市供水等综合效用。它所灌溉的成都平原是闻名天下的“天府之国”。都江堰充分利用河流水文和地形特点布置工程设施，使之既满足引水灌溉、防洪等目的，又没有改变河流的地理特性，充分体现了都江堰“乘势利导，因地制宜”的设计思想。

1. 鱼嘴

“鱼嘴”是都江堰的分水工程，因其形如鱼嘴而得名。它位于江心，把岷江分成内外二江。外江在西，又称“金马河”，是岷江正流，主要用于行洪；内江在东，是人工引水总干渠，主要用于灌溉，又称“灌江”。鱼嘴决定了内外江的分流比例，是整个都江堰工程的关键。内江取水口宽 150 米，外江取水口宽 130 米，利用地形、地势使江水在鱼嘴处按比例分流。春季水量小时，四成流入外江，六成流入内江以保证春耕用水；春夏洪水季节时，水位抬高漫过鱼嘴，六成水流直奔外江，四成流入内江，使灌区免受水淹。这就是所谓“分四六，平潦旱”。

深淘灘低作堰六字旨千秋鑒挖河沙堆隄岸砌魚嘴安羊圈立湃闕留漏罐籠編密石裝健分四六平潦旱水畫符鐵樁見歲勤脩預防患遵舊制毋擅變

都江堰《水经》拓片

此外，在古代还使用杩槎来人工改变内外两江的分流比例。杩槎是一种以数根圆木为骨架，外覆竹席，内灌泥沙的截流物体。当需要时，只要在一侧的江面放置若干座杩槎，便能减少该侧的水量。一般在春季来水较少时使用这种方法截流外江，增大内江的水流供给，待春耕结束水位上涨后，再砍去杩槎，使水流恢复正常。1974 年以后，在外江口建造了永久性水闸，从而取代了杩槎来实现围堰和泄洪。

杩槎

目前的鱼嘴平面为半月形，由浆砌条石和混凝土筑成，长 80 米，最宽处 39.1 米，高 6.6 米。鱼嘴堤坝向下游延伸，形成金刚堤，内堤长 650 米，外堤长 900 米。金刚堤再往下，分别是飞沙堰和人字堤。在鱼嘴上游东岸还有百丈堤，全长 1950 米，将洪水与泥沙逼向外江，并起到护岸的作用。鱼嘴、百丈堤、金刚堤，连同飞沙堰与宝瓶口协调作用，起着泄洪、排沙和调节水量的功能。历史上鱼嘴的位置一直在变动，最早的鱼嘴位于白沙河口下游不远处；现在的鱼嘴位于白沙河口下游 2050 米处，这一位置是 1936 年大修时确定的。

2. 宝瓶口

宝瓶口是都江堰的引水工程，是在玉垒山延伸向岷江的山崖上人工凿开的缺口，距飞沙堰下口 120 米，位于古灌县城墙西门玉垒关下，开凿于都江堰创建时。宝瓶口上宽下窄，底宽 14.3 米，顶宽 28.9 米，平均宽度 20.4 米，高 18.8 米，峡口长 36 米。口内即内江流入的进水口宽 70 米，口外出水口宽 40 ～ 50 米，形如“瓶颈”，宝瓶口也因此得名。

杩槎细部

宝瓶口同飞沙堰配合具有节制水流大小的功用，是控制内江进水量的关键。内江水流经过宝瓶口流入，灌溉成

宝瓶口（四川省水利厅提供）

都平原的大片农田；在洪水期间，内江水位提升高过飞沙堰，洪水就进入外江流走，再加上宝瓶口对水流的约束，达到了防洪的作用。内江水流进宝瓶口后，顺应西北高、东南低的地势沿大小各支引水渠不断分流，形成自流灌溉渠系，灌溉成都平原上 1000 余万亩农田。

宝瓶口左岸山崖上刻有几十条分划，每划间距为一市尺，名为“水则”，用以观测水位涨落，是中国最早的水位标尺。足用的水则数随着都江堰灌溉面积的扩大而增加。宋朝时水则仅有十划，水位达到六则时即为足用，再高就会产生涝灾；元朝时足用数为九则。清朝时以十六则为大洪水，现在需十四则才能保证春耕用水，崖上石刻水则已经达到二十四划。

宝瓶口右边的山丘，因为与山体相离，故名“离堆”。上有祭祀李冰的伏龙观，又称老王庙。宝瓶口岩基经过江水 2000 多年的急速冲击，出现了极大的空洞，1965 年和 1970 年曾两次加固离堆。

3. 飞沙堰

六字真言

飞沙堰起到溢洪排沙的作用，原名“侍郎堰”，唐高宗龙朔年间（661—663 年）筑成，是内江的溢洪排沙通道。飞沙堰是金刚堤下段 710 米处的一个缺口，位于虎头岩对岸，宽 240 米，堰顶高过河床 2 米。飞沙堰将超过灌区需要的江水自行排到外江，使成都平原免受洪涝；又能将水中裹挟的大量砂石利用离心力从这里排到外江，避免淤塞内江、宝瓶口和灌区。飞沙堰遵循“低作堰”的原则，即堤顶低作与对岸标准台顶等高，使超过宝瓶口流量上限的内江水漫过堰顶流入外江。如果遇到特大洪水，堰体会自行溃堤，让江水回归岷江正流。内江水位达到水则十四划时，流量为 385 立方米每秒，即够灌区春耕用水。若飞沙堰堰顶高度与此水位相齐，则内江水超出十四则时，多余的江水即可从飞沙堰溢去外江。此外，飞沙堰下游不远的宝瓶口有很好的控水作用，即便内江的流量高达 3000 立方米每秒，宝瓶口的进水量也在 700 立方米每秒左右。沿金刚堤而下的急流受宝瓶口限流所阻，在口外形成一个洄水沱，即伏龙潭。加上飞沙堰对面突入内江的虎头岩对水流、砂石的导引作用，洪水便连同大量泥沙翻过飞沙堰，排往外江。据当代实测，岷江内江流量超过 1000 立方米每秒时，便有 40% 的洪水和 98% 泥沙从飞沙堰排出。飞沙堰顶高的调节，加上宝瓶口的限流、虎头岩的导引，即可保证引水区既有足量清水，又无洪涝威胁。

清明放水节是都江堰地区的汉族传统节日，是为了祭祀李冰父子，祈五谷丰登、国泰民安，同时拆除冬季筑成的杩槎，使岷江水直入内江，灌溉成都平原

都江堰工程的主要作用是引水灌溉和防洪，另外也兼具水运和城市供水的功能。它将岷江水一分为二，引一部分流向玉垒山的东侧，让成都平原的南半壁不再受水患的困扰，而北半壁又免于干旱之苦。几千年来，岷江在这里变害为利，造福农桑，将成都平原变成“水旱从人，不知饥馑，时无荒年”的“天府之国”，并进而促进了整个四川地区的政治、经济和文化发展。

都江堰初成时以航运为主、灌溉为辅。岷江和长江因之得以通航，岷江上游盛产的木材还可以漂运成都，使得成都从秦朝时起便成为蜀地交通的中心。除了水运之利，都江堰于农业灌溉的效益随着灌溉渠系的发展愈加为世人所倚重。岷江左岸水源流出宝瓶口至玉垒山东侧之后，沿李冰开凿的两条干渠流向成都。西汉时，蜀郡太守文翁新开一条干渠将岷江水引至成都平原东部。东汉时，“望川原”上“凿石二十里”，使灌渠延伸过现在双流的牧马山高地。同时岷江右岸的引水渠系在李冰时代开辟的羊摩江基础上不断向成都平原西南部延伸发展。经过上百年开发，到汉朝时都江堰灌区已经从秦朝时的郫县到成都一线，发展到彭县、广汉、新都一带，灌溉面积达“万顷以上”。到唐朝时，益州大都督长史高俭广开支渠，此后灌区渠系经过多次整修愈加繁密，灌田面积继续扩大。都江堰的功效从此转为以农田灌溉为主。

宋朝时都江堰灌区又有显著发展，时灌区至少达1府、2军、2州共12个县，其中仅陆广负责的灌区就有1.7万顷。清朝时，灌溉范围达到14个州县约300万亩。1937年统计的灌溉面积为263.71万亩；1938年，受益于都江堰的田地计有川西14县之广，约520余万亩。

新中国成立后继续扩建和改造都江堰的灌溉系统。1960年代末，灌溉面积达到678万亩；到20世纪80年代初，灌区扩展到龙泉山以东地区并建成水库近300座，灌溉面积扩大到858万亩；此后进一步的灌区改造将灌溉区域扩大到1000多万亩，总引水量达100亿立方米，使之成为目前世界上灌溉面积最大的水利工程。

（三）宁夏古灌区

宁夏古灌区位于今宁夏回族自治区的古代引黄灌区，创始于西汉元狩年间（公元前122—前117年）。当时从匈奴统治下夺回这一地区，实行大规模屯田。

宁夏大型灌区的兴建在《魏书·刁雍传》有记载：在富平（今吴忠市西南）西南30里有艾山，旧渠自山南引水，灌溉河西农田。北魏太平真君五年(444年)薄骨律镇守将刁雍在旧渠口下游，利用河中沙洲筑坝，并开渠40里，下合旧渠，灌田4万余顷，史称艾山渠。《水经注》记载，黄河自青铜峡以下还向河东分水，灌溉农田。唐代宁夏引黄灌区有薄骨律渠、汉渠、胡渠、御史渠、百家渠、光禄渠、尚书渠、七级渠、特进渠等。北宋前期宁夏一度为西夏政权所在地。《宋史·夏国传》载：今银川、灵武一带有唐徕渠、汉延渠，无旱涝之忧。1032—1048年还曾修建长300里的李王渠，大约是艾山渠的重建。元代至元元年(1264年)郭守敬曾修复宁夏灌区。

汉渠

《汉书 · 匈奴列传》说 :“自朔方（郡治在今内蒙古自治区乌拉特前旗，黄河南岸）以西至令居（今甘肃省永登县西北）,往往通渠,置田官。”东汉也在这一带发展水利屯田。《魏书·刁雍传》载:在富平西南 30 里有艾山，旧渠自山南引水。北魏太平真君五年(444年）薄骨律镇（今灵武市西南古黄河沙洲上）守将刁雍在旧渠口下游开新口，利用河中沙洲筑坝，分河水入河西渠道。新开渠道向北 40 里合旧渠，沿旧渠 80 里至灌区，共灌田 4 万余顷，史称艾山渠。灌田时“一句之间则水一遍，水凡四溉，谷得成实”。开渠后 3 年即可向今内蒙古五原一带运送军粮 60 万斛。《水经注》记载，黄河自青铜峡以下还向东分出支河，灌溉富平一带农田。

唐徕渠

宁夏水利沿袭 2000 多年，除有黄河的方便引水条件外，主要还靠兴修水利的实践，在特定的自然条件下创造和发展了一套独特和完整的水利技术。在引水工程中采用无坝取水形式，多用分劈河面约 1/4 的垒石长坝（坝）导河水人渠。闸前渠道也很长，多有长 10 余里的。在闸前渠道上设有堰顶略高于正常水位的滚水石堰，称为“跳”，渠水位过高则自动溢流，此下另设退水闸多座，再下则是引水正闸。闸座旧多用木，明隆庆六年(1572 年）后，逐步改用石筑。正闸以下，渠两岸长堤也称坝。支斗渠口多为分水涵洞或闸门，称作陡口。不同高程的渠道相交多建木渡槽，称为飞槽。横穿渠道的泄洪和退水的涵洞，称作阴洞、暗洞或沟洞。

唐代宁夏引黄灌渠有薄骨律渠、汉渠、胡渠、御史渠、百家渠、光禄渠、尚书渠、七级渠、特进渠等。安史之乱后，吐蕃常在这一带用兵。唐大历八年(773 年）郭子仪败吐蕃兵于灵州（今宁夏灵武西南）南的七级渠。后 5 年回纥族进攻灵州，堵塞汉、尚书、御史三渠引水口，破坏唐兵屯田。汉渠在灵武县（今永宁西南，黄河西岸）南 50 里，北流 40 里有千里大陂，长 50 里，宽 10 里，相传为汉代所建。它的附近还有胡渠、御史、百家等 8 条渠,溉田 500 余顷。郭子仪曾请开御史渠,灌田可至 2000 顷。唐元和十五年(820年）重开淤塞已久的光禄渠，灌田 1000 余顷。后 4 年开特进渠，灌田 600 顷。此外，回乐县南有薄骨律渠，灌田 1000 余顷。《元和郡县图志》称:“（贺兰）山之东,（黄）河之西，有平田数千顷，可引水灌溉。如尽收地利，足以赡给军储。”《宋史·夏国传》载:今银川、

秦渠

新汉渠

灵武一带有唐徕渠、汉延渠，无旱涝之忧。北宋前期宁夏一度为西夏政权割据。西夏皇帝李元昊在1032—1048年间，曾修建长300多里的李王渠（又名昊王渠），大约是对北魏艾山渠的重建。《元史·郭守敬传》载，其时银川一带有古渠，其中唐徕渠长400里，汉延渠长250里。其他州还有长200里的大渠10条，大小支渠68条，共灌田9万多顷。

元代至元元年(1264年)，郭守敬修复宁夏灌区。秦家渠的名字也在这时出现，后来简称秦渠，讹传为秦代所开，有人认为是古七级渠。蜘蛛渠在明代称为古渠，也应是元代修的渠道，是今中卫美利渠的前身。明代除利用旧渠外，有铁渠、新渠、红花渠、良田渠、满答喇渠（以上均为唐徕渠支渠）、石空渠、白渠、枣园渠、中渠、夹河渠（以上在今中卫）、羚羊角渠、通济渠、七星渠、贴渠、羚羊店渠、柳青渠、胜水渠（以上在今中宁）等各渠出现。灌区向青铜峡上游发展，技术上大量修筑石坝石堤，加强引水和泄洪能力。

清代康熙四十七年(1708年)开大清渠，灌溉唐徕、汉延二渠之间高地。雍正四年(1726年)开惠农渠，取水口在汉延渠口下游，灌溉汉延渠以东地区。同年又开昌润渠，灌溉惠农渠以东至黄河间的滩地。清雍正、乾隆年间，大清、惠农、昌润三渠均曾多次改口改道，其灌溉面积有很大变动。以上三渠和唐徕渠、汉延渠合称河西五大渠。

民国年间，宁夏灌区分为河东区、河西区和青铜峡上游的中卫、中宁区，据1936年资料，共有支渠近3000条，干渠总长2600多里，共灌田1.8万顷左右。1959年青铜峡水利枢纽建成后，宁夏灌区又有了迅猛的发展。

渠道疏浚时常使用埽工封堵渠口，即今之草土围堰，也用以修筑护岸、桥、涵、闸等的护坡，以及临时性的拦水工程等。工程岁修时还采用埋入渠底的底石作为渠道清淤的标准。测水位则用木制的刻字水则。入冬后以埽塞渠口称“卷埽”，至清明征夫岁修清淤，立夏则撤埽“开水”。“开水”后先关闭上游支渠斗口逼水至“梢”（渠尾），称“封水”，同时防冲决堤岸。上游各斗口仅留一二分水，称“依水”。水至梢后，就自下而上逐次开支渠浇灌，灌足后再逼水至梢，重新进行一轮封、依、灌。大致立夏至夏至头轮水浇夏田，二轮水立秋至寒露浇秋田，三轮水自立冬至小雪为冬灌，提高土壤墒情，预备来年春耕。夏秋两季能及时浇三四次的，就可以丰收。如农田起碱时，有时于春秋开水洗碱，或三四年中种稻一次洗碱。

二、陂塘工程

陂塘系利用自然地势，经过人工整理的贮水工程，其功能是蓄水溉田。2000 多年前的文献中已有利用陂池灌溉农田的记载：“滮池北流，浸彼稻田。”芍陂兴建于春秋战国时期，是最早的一座大型筑堤蓄水灌溉工程，“陂有五门，吐纳川流”。直径大约百里，周围约 300 多里，灌注今安徽寿县以南淠水和肥水之间 4 万顷田地。今天的安丰塘就是其残存部分。汉代，陂塘兴筑已很普遍，东汉以后，陂塘水利加速发展。陂塘水利适建于丘陵地区，起始于淮河流域，汝南、汉中地区也颇发达。从云南、四川出土的东汉陶陂池模型可看出，当时已在陂池中养鱼，进行综合利用。中小型陂塘适于小农经济的农户修筑，南方地区雨季蓄水以备干旱时用，修筑尤多。明代仅江西一地就有陂塘数万个。总之，古代遍布各地的陂塘，对农业生产的作用不可低估。

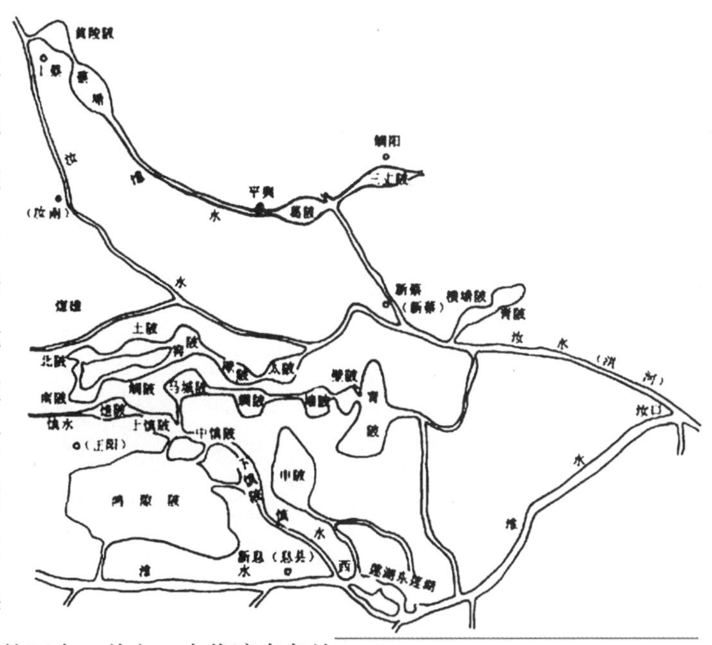

《水经注》中汝南地区陂塘示意图

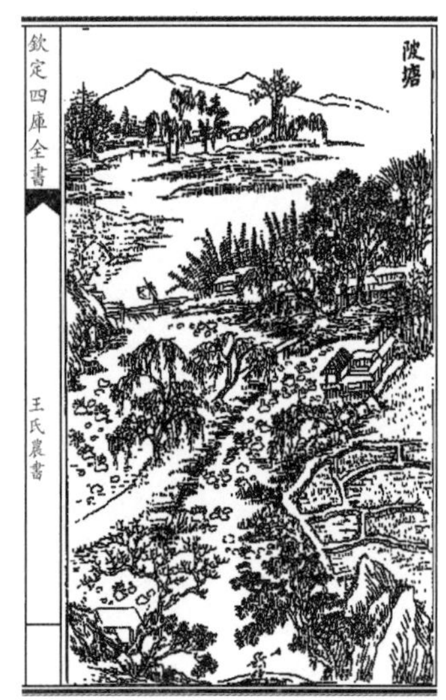

陂塘（王祯《农书》）

（一）芍陂

芍陂（què beī ）由春秋时楚相孙叔敖主持修建，与都江堰、漳河渠、郑国渠并称为我国古代四大水利工程。春秋时期楚庄王十六年至二十三年（公元前 598—前 591 年）由孙叔敖创建芍陂（另一说为战国时楚子思所建），迄 2500 多年一直发挥不同程度的灌溉效益。芍陂引淠入白芍亭东成湖，东汉至唐可灌田万顷。隋唐时属安丰县境，后萎废。1949 年后经过整治，现蓄水约 7300 万立方米，灌溉面积 4.2 万公顷。

芍陂因水流经过芍亭而得名。工程在安丰城（今安徽省寿县境内）附近，位于大别山的北麓余脉，东、南、西三面地势较高，北面地势低洼，向淮河倾斜。每逢夏秋雨季，山洪暴发，形成涝灾；雨少时又常常出现旱灾。当时这里是楚国北疆的农业区，粮食生产的好坏，对当地的军需民用关系极大。孙叔敖根据当地的地形特点，组织当地人民修建工程，将东面的积石山、东南面龙池山和西面六安龙穴山流下来的溪水汇集于低洼的芍陂之中。修建五个水门，以石质闸门控制水量，“水涨则开门以疏之，水消则闭门以蓄之”，不仅天旱有水灌田，又避免水多洪涝成灾。后来又在西南开了一道子午渠，上通淠河，扩大芍陂的灌溉水源，使芍陂达到“灌田万顷”的规模。

芍陂建成后，使安丰一带每年都生产出大量的粮食，并很快成为楚国的经济要地。楚国更加强大起来，打败了当时实力雄厚的晋国军队，楚庄王也一跃成为“春秋五霸”之一。300 多年后，楚考烈王二十二年（公元前 241 年），楚国被秦国打败，考烈王便把都城迁到这里，并把寿春改名为郢。这固然是出于军事上的需要，也是由于水利奠定了这里的重要经济地位。芍陂经过历代的整治，一直发挥着巨大效益。东晋时因灌区连年丰收，遂改名为“安丰塘”。如今芍陂已经成为淠史杭灌区的重要组成部分，灌溉面积达到 60 余万亩，并有防洪、除涝、水产、航运等综合效益。为感戴孙叔敖的恩德，后代在芍陂等地建祠立碑，称颂和纪念他的历史功绩。1988 年 1 月国务院确定安丰塘（芍陂）为全国重点文物保护单位。

（二）唐白河流域的陂塘

汉水支流湍水和淯水（今合称唐白河）流经南阳冲积平原。南阳太守召信臣（？—

公元前 31 年）建六门陂，创造了一种新型的灌溉工程，即利用洼地修筑若干蓄水陂塘，开凿渠道将这些陂塘串联起来，蓄积地表径流，通过陂塘调度水资源，从而可以更为有效地利用。为了使公共水源使用不产生用水纠纷，召信臣还主持制定了“均水约束”，并将其刻在石碑上立于田间。在召信臣的倡导下，从西汉到北魏及至隋唐 700 年间这类长藤结瓜的陂塘水利就陈陈相因，并得到了很好的经营。北魏时六门陂连接的陂塘有 29 处，陂塘和渠道工程配套设施完善，塘、闸、堤防、渠道共同作用，是蓄灌节制有度、实现灌溉的统一管理的灌区。

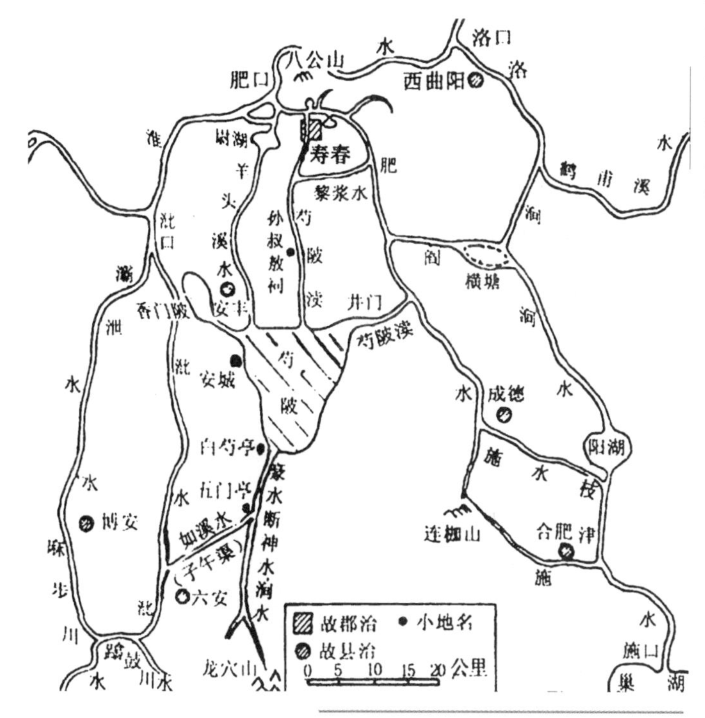

芍陂水系示意图

三、塘浦圩田工程

塘浦圩田是一种代表湖区水利的特殊灌溉工程类型，主要包括太湖地区的塘浦工程、江南地区的圩田，洞庭湖和鄱阳湖地区的圩垸工程，以及珠江三角洲的基围等。

（一）太湖流域的塘浦工程

塘浦是太湖地区的河网水系。太湖平原地势平坦，塘浦纵横，其中，沟渠南北向者称纵浦，东西向者称横塘。塘浦圩田就是利用湖区天然河渠开挖塘浦，疏通积水；同时以挖出之土构筑堤岸，将田围在中间，水挡在堤外。围内开沟渠，设涵闸，有排有灌。

陂塘（宋应星《天工开物》）

太湖地区的围田有其独特之处，即以大河为骨干，五里、七里开一纵浦，七里、十里挖一横塘，挖出的泥土就势于塘浦两旁筑成堤岸，形成棋盘式的塘浦围田。由于太湖流域河流纵横，灌溉便利，工程规模不大且易于施工的塘浦围田便成为理想的农田水利形式。

太湖塘浦围田开始于春秋时期（约公元前 6 世纪）的吴国。魏晋南北朝时期人口大量南迁，促进了长江下游农业经济的发展。至唐代（618—907 年），政府成立了专管太湖围垦工作的机构。之后不久，一个自苏州经平望至吴兴，环绕东太湖的环湖长堤完成。经由太湖的调蓄，下游又有多条河流泄水入海，这既减少了洪水压力，又为围田水利区提供了良好的灌排条件。围内建有与湖水相通的渠道网，渠中有船，堤上有闸，由此构成一个比较合理的灌排系统。

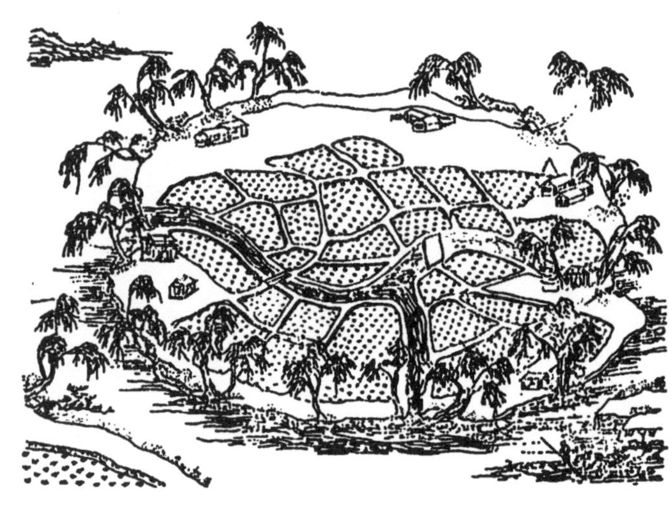

圩田示意图（清《授时通考》）

五代十国时期（907—960 年），割据江南的吴越政权一贯重视江南地区的开发，确立了治水与治田相结合的规划方案，制定了一套切实可行的管理制度，还建立了一支拥有七八千人的水利常备军，塘浦围田系统日臻完善。

宋代，湖区完善的灌排渠系使得在围田中种植粮食有较高的产量。根据当时的记载，一般年景下，苏州每亩围田所能收获的大米约合今制 160 公斤。两宋时，太湖地区成为天下的粮仓，其中，仅两浙地区输出的漕粮就占全国漕运总量的四分之一。

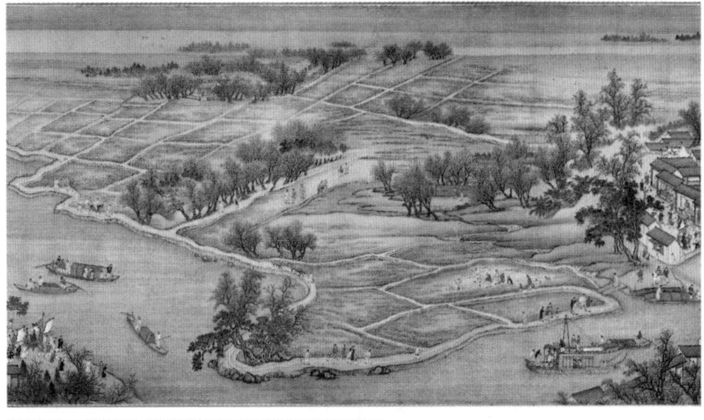

京杭运河常州段沿河圩田（《康熙南巡图》）

塘浦围田能够给人们带来如此之巨的效益，自然刺激了人们扩大围田的欲望。北宋中期至南宋，豪强势家疯狂强占湖区港汊草荡，私筑圩堤成风。南宋（1127—1279 年）建都临安（今浙江杭州）后，财政上的需求更加纵容了太湖流域及两浙地区的湖区围垦。缺乏统一规划的盲目围田，破坏了原有的灌排渠系，致使水道缩窄。许多临江围田逐渐被新围田隔开，并由此丧失了灌溉条件。此种情形下，政府不得不出面加以禁止。尽管两宋朝廷颁发围田禁令数十次，树禁令石碑几千块，但收效不大。豪强势家竟然违禁毁碑，甚至持刀相向，以致围垦有增无减。

从北宋开始，吴淞江水道行洪逐渐困难。排水不畅则成为整个太湖地区的痼疾。宋代中期朝廷关于太湖下游治水规划的论争因此而起并长达近百年。朝廷上下很多官员卷入其中。在诸多不同规划中，有 3 个人提出的太湖治理规划值得一提。

1. 范仲淹灌排并重的规划思想

北宋著名政治家和文学家范仲淹(989—1052 年)出任苏州知州时曾主持过太湖治理，并提出过有关太湖治理的方案。该方案体现出灌排结合、治水与治田结合的方略，即修围（筑堤）护田、浚河排涝、置闸控制围内水位，通过这些措施解决太湖平原蓄水与泄水、挡潮与排涝的矛盾。70 年后太湖一次大规模的整治，采纳了范仲淹的方案并取得了较好的效果。

2. 郏直高圩深浦的治理策略

1073 年杭州于潜县令郏亶宣认为太湖周边地形低洼易涝，太湖以东沿海地带则地势稍高多旱，由此提出环湖低地以治田为主、而沿海地带以疏浚水道为主的规划要点，主张恢复古人“七里为一纵浦，十里为一横浦”的河网系统，利用开挖塘浦的土高筑堤围。他还提出了根据地形分片分级控制水流的措施，亦即阻止高地雨水汇注于低地，实行高水高排，如此既可减少低地的排水负担，又可拦蓄高地雨水用于抗旱。郏直方案一出，即获批准，并由其主持施工。由于工程浩大，激起民怨，一年之后朝廷责令停工。

3. 单锷排水为主的治湖规划

与郏宣同时的单锷提出了整治太湖入江入海以排水为主的规划。单锷钟情于吴中水利，常常独乘小舟，往来于苏、常、湖三州之间。经过多年的考察，他总结认为太湖水患的成因主要有三：首先，庆历年间（1041—1048 年）修建的太湖吴江堤阻断了太湖向东排水的通道;其次，太湖西部废弃溧阳五堰，西北丘陵区的洪水长驱而下，使太湖东苏、常、湖三州频频受灾；最后，太湖中部入江通道大多湮塞。为此，单锷建议东北开吴江塘路，导水入江入海，太湖以西筑坝，阻止丘陵区诸水入湖。当时人以及后人多指责单锷排水规划，是只知水害不要水利，尽管如此，单锷的太湖排水规划仍然得到了很多人的支持。

尽管治湖方略各有侧重，但主张开江疏浚太湖与长江和入海通道是各方的共同点。南宋时，朝廷不得不频繁地组织港浦疏浚。但是这种疏浚的作用有限，不能根本解决问题。元代，政府设立专门机构，负责治理太湖下游水道疏浚和开辟新的泄水出路。当时还制定了修筑围岸的规范性条例。条例中将围岸按高程的不同分为五等，依据不同等级设计不同的围堤断面。田和常水位相平的为一等。一等围岸高 2.5 米，底宽 3.3 米，顶宽 1.6 米。田高于水 0.3 米为二等围岸。直到明清时期，太湖排水问题依然是太湖水利的难点。

（二）长江流域的圩垸工程

圩田是长江下游地区典型的灌排渠系与农田相结合的工程形式。这种工程形式早在先秦时期已然出现，唐宋时期随着当时政治经济中心的南移在长江下游地区得以迅速发展。

圩田与太湖地区的塘浦略有区别。“圩”原意为中部低凹、四围高昂的湖区常见地形；后随着湖区的大规模开发而向丘陵地区扩展。由于这些地区地势起伏，河水位变化大，圩堤必须具有较大的高度，才能成为隔离内水和外水的屏障。与此相应，工程的管理运用也较为复杂，逐渐具备了排水功能，成为长江下游地区塘浦以外的另类水利工程。在北宋富有改革思想的政治家范仲淹的眼中，江南的圩田方圆数十里，宛如一座座大型城市，中有河渠，外有闸门，旱则开闸引江水灌溉，涝则闭闸拒江水之侵。到了元代，著名农学家王祯对其具体工程形式进行了详细甄别，概括起来就是：围田筑于低洼的塘浦地区，围堤较矮；圩田分布于长江下游滨江地区，这里水位落差较大，因而圩堤较高。这一特点至今依然。

由于无序开发，长江中下游地区的圩垸形成一种相互套叠覆盖的格局，湖泊蓄水容积和江道断面缩小，泄水通道壅堵，圩堤过长，水旱灾害随之加剧。宋代已注意到这一问题，并实施了将小圩合并为大圩，然后在大圩内进行分区分级控制的规划措施。宋绍兴二十二年（1152 年），筑堤 180 里，将太平州（今安徽当涂）的诸多小圩连成一片。乾道七年（1171 年），将作少监马希拟定了新的圩区管理组织机构：凡有圩田的州县官员须从各圩区中选出一名占田最多且尽忠职守的人为“圩长”，另须保举“大圩”两人。这些人的职责就是在秋收后集合本圩区中的人夫增修圩堤。在这一政策的带动下，民间自发的管理组织雨后春笋般地冒了出来。

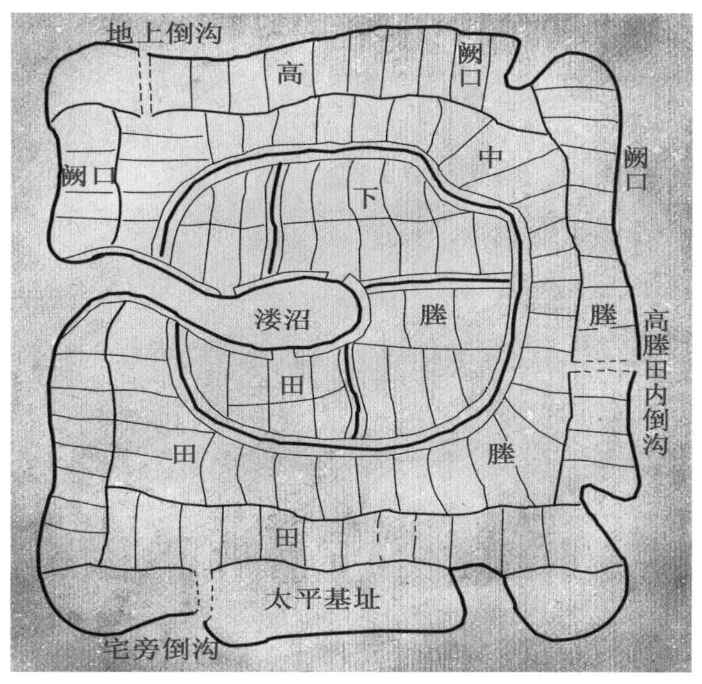

《筑圩图说》水潦无虞图（1813 年）

明清时期的圩田规划更加进步。明万历年间，常熟人耿桔总结出一种新的规划方案：凡四面皆河的零散圩田，可采用随河筑堤的方式将之联成一个大圩，大可数千亩。整个明清期间，长江北岸湖北、安徽一带沿江各圩的堤岸逐渐联结成黄广大堤、同马大堤和无为大堤。其中无为大堤护卫着 590 区圩田，是这些圩区的有力保障。另外，耿桔还建议人们根据地形的高低，将大圩加以分区，各圩区间另筑围田堤。如此，万一大圩溃决，遭淹的只是对应的分区，可避免全圩罹难；另外，分区后，在高田区外缘开沟的同时用所挖之土在低田外缘筑堤，如此，旱时有沟水接济高田，涝时有小堤保障低田，高区与低区之间休戚相关，风险共担。圩区的渠系，可根据地形设计成十字、丁字、一字、月形、弓形等形式。圩区水道的出口处有闸控制圩内水量的蓄泄。

清代孙峻在其所著《筑圩图说》中针对四周高、中间低的大圩提出了一套分级控制措施，即根据地形，将圩内的农田分为上塍田、中塍田和下塍田三级，各级农田分筑戗岸，独立成区；高低不同的农田层层错开，呈梯级控制之状；各区通过沟渠与外河相连，通过闸门控制水量的蓄泄；圩心洼区滞涝，由此可以高水高排，低水低排，各行其道互不干扰，减轻排水负担。

（三）珠江流域的基围工程

堤围，又称基围，类似于长江流域中游的垸田和下游的圩田。围外有堤，围内农田中分布着灌排沟渠，围内围外的水通过堤上的涵闸进出。各围规模不等，大至 20 余万亩一渠，小至数 10 亩一渠，主要分布于珠江三角洲和韩江三角洲等滨江滨海地区。

有关堤围的最早记载见于北宋，最初多是私家小围，后逐渐合并为公有大圩。据近人统计，宋代珠江三角洲共建堤围 28 处，堤长 220 公里，圩内农田 2.4 万余顷，主要分布于珠江三角洲西北部，其中以桑园围、长利围和赤顶围等较为著名。明清以来，珠江

桑基鱼塘

堤围迅速发展，逐渐扩展到东江以至滨海地区。清中叶后，今顺德、新会和中山等地的滩地进入开发高潮，当时还采用了修筑丁坝、种植芦苇等工程措施和生物措施来促进海滩的淤涨。

随着堤围的发展和三角洲的延伸，尤其是盲目的围滩垦殖，珠江三角洲的水道变

弯变窄，洪水宣泄困难，清后期几乎年年有决溢发生。由此，堤围建设不断加强，堤防高度逐渐加大，至清末高达 6 ～ 10 米，断面亦相应加宽。明清两代，石砌堤防大为增加。

在珠江三角洲众多堤围中，桑园围是历史最早的一处，相传始建于北宋大观年间（1107—1110 年）。该围地跨南海、顺德二县，位于西北二江之间。由于全围下游水位低于上游四五尺，因而最初只在北、东、西三面筑有堤防，东南方向不曾筑堤，遂成一“开口围”。后随着围垦的扩展，珠江入海水道水位逐渐抬高，明代政府遂将桑园围东南方向的开口水港堵塞，并将其堤防封闭，土堤改为石堤，并在堤上建设涵闸，使内水和外水相通。至近代，桑园围堤防共长约 50 公里，内有农田 1800 余顷。

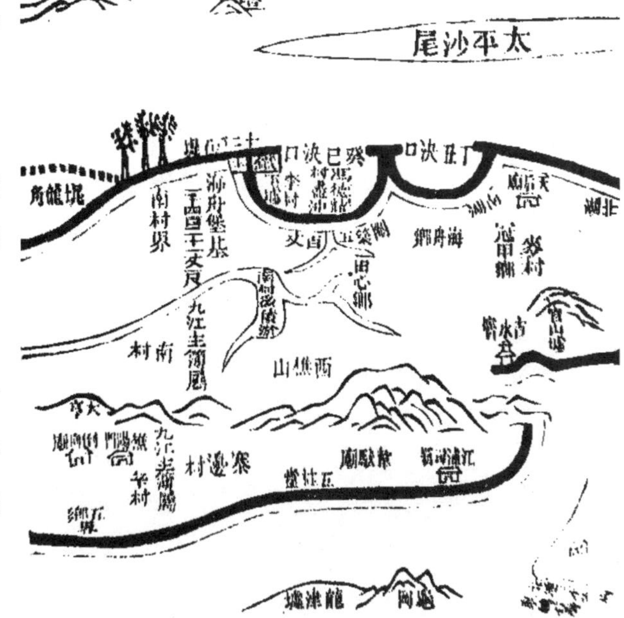

1849 年的桑园围（《桑园围志》）

四、拒咸蓄淡工程

中国东南滨海地区水资源总量充裕，但年内水量分配不平衡，且河流入海口处的海水在涨潮时往往能够上溯数十里，河水含盐量的增大严重影响着两岸的灌溉和生活用水。唐宋以来，随着东南沿海地区的迅速开发，一种新型的水利工程发挥着重要作用，它们主要由闸坝和渠道构成，闸坝用于挡潮和储蓄上游来水，渠道则引所蓄淡水灌田，因称拒咸蓄淡工程。浙江鄞县的它山堰、福建莆田的木兰陂等均属于这类工程。其中，它山堰为坝式枢纽，而木兰陂则为闸坝式枢纽。

拒咸蓄淡工程能否成功，工程规划设计和施工阶段的

4 个环节至关重要：①挡水建筑的位置选择。如挡水闸坝设在内地纵深之处，则工程的拒咸作用不大；设在临近海洋之处，则工程施工较为困难，且运行过程中遭受海潮的破坏力也较大。由于坝址不合适，木兰陂施工过程中曾经历两次失败。②此类工程易受海岸线变迁的影响。滩涂淤涨，会使坝或闸离海岸线越来越远，导致工程效益降低。③由于坝闸两面俱受水流的冲击，特别是海潮的破坏力极强，此类闸坝工程的结构和材料皆有较为严格的要求。④由于沿海地区的入海河道多为山区溪流汇集而成，洪水期泥沙甚多，闸坝之前容易形成淤积，因而闸坝底和顶高程的选择很重要；过高对工程安全不利，过低工程效益受到影响。唐宋时期拒咸蓄淡工程的出现，标志着古代农田水利工程的规划和设计走向成熟。

它山堰

它（tuō）山堰是甬江支流鄞江上著名的御咸蓄淡引水灌溉枢纽工程，位于浙江宁波市鄞州鄞江镇它山旁，章溪出口处。唐大和七年（833 年）县令王元玮创建。

它山堰

在它山堰修筑以前，海潮可沿甬江上溯到章溪，由于海水倒灌使耕田卤化，城市用水困难。在鄞江上游出山处的四明山与它山之间，用条石砌筑一座上下各 36 级的拦河溢流坝。坝顶长 42 丈，用 80 块条石板砌筑而成，坝体中空，用大木梁为支架，全长 134.4 米，高约 3.05 米，宽 4.8 米。这座坝平时可以下挡咸潮，上蓄溪水，供鄞西平原七乡数千顷农田灌溉，并通过南塘河供宁波城使用。堰身设计方面的科学性颇具现代原理，迄今千余年，历经洪水冲击，仍基本完好，仍然发挥阻咸、蓄淡、引水、泄洪作用。据水利专家分析，许多设计原理是20世纪才发现的，因此它山堰堪称水利建筑史上的奇迹，海内外研究此堰者颇多。1982年6月，被鄞县人民政府评为县重点文物保护单位。1988年12月28日，被国务院评为国家重点文物保护单位。

木兰陂

木兰陂位于福建省莆田市区西南5公里的木兰山下，木兰溪与兴化湾海潮汇流处。木兰陂始建于北宋治平元年（1064年），是著名的古代大型水利工程，全国五大古陂之一，至今仍保存完整并发挥其水利效用。全国重点文物保护单位。

工程分枢纽和配套两大部分。枢纽工程为陂身，由溢流堰、进水闸、冲沙闸、导流堤等组成。溢流堰为堰匣滚水式，长219米，高7.5米，设陂门32个，有陂墩29座，旱闭涝启。堰坝用数万块千斤重的花岗石钩锁叠砌而成。这些石块互相衔接，极为牢固，经受900多年来无数次山洪的猛烈冲击，至今仍然完好无损。配套工程有大小沟渠数百条，总长400多公里，其中南干渠长约110公里，北干渠长约200公里，沿线建有陂门、涵洞300多处。整个工程兼具拦洪、蓄水、灌溉、航运、养殖等功能。1958年，在陂附近兴建架空倒虹吸管工程，引东圳水库之水到沿海地区，使木兰陂大大提高灌溉、排洪能力，灌溉面积从原来的15万亩，增加到25万亩。

木兰陂

五、新疆坎儿井

坎儿井，是“井穴”的意思，早在《史记》中便有记载，时称“井渠”，而新疆维吾尔语则称之为“坎儿孜”。坎儿井是荒漠地区的特殊灌溉系统，普遍用于中国新疆吐鲁番地区。坎儿井与万里长城、京杭大运河并称为中国古代三大工程。吐鲁番的坎儿井总数达 1100 多条，全长约 5000 公里。

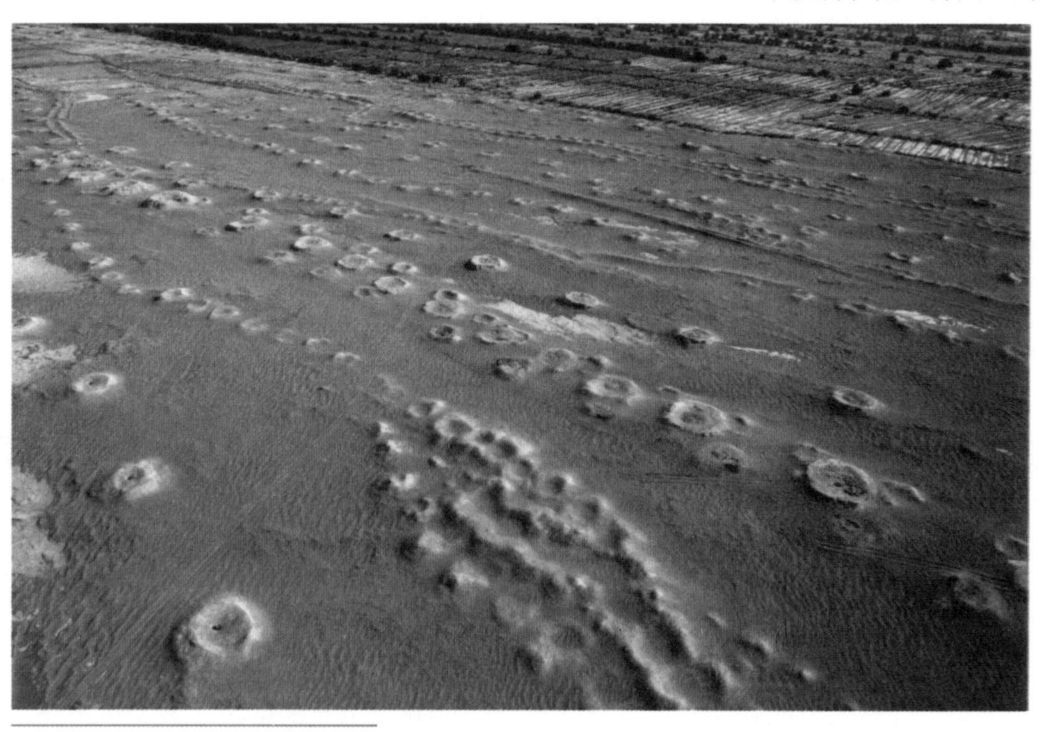

新疆坎儿井分布俯瞰图（《美丽的新疆》）

坎儿井是开发利用地下水的一种很古老式的水平集水建筑物，适用于山麓、冲积扇缘地带，主要是用于截取地下潜水来进行农田灌溉和居民用水。坎儿井的结构，大体上是由竖井、地下渠道、地面渠道和“涝坝”（小型蓄水池）四部分组成，吐鲁番盆地北部的博格达山和西部的喀拉乌成山，春夏时节有大量积雪和雨水流下山谷，潜入戈壁滩下。人们利用山的坡度，巧妙地创造了坎儿井，引地下潜流灌溉农田。坎儿井不因炎热、狂风而使水分大量蒸发，因而流量稳定，保证了自流灌溉。

根据 1962 年统计资料，中国新疆共有坎儿井约 1700 多条，总流量约为 26 立方米每秒，灌溉面积约 50 多万亩。

其中大多数坎儿井分布在吐鲁番和哈密盆地，如吐鲁番盆地共有坎儿井约 1100 多条，总流量达 18 立方米每秒，灌溉面积 47 万亩，占该盆地总耕地面积 70 万亩的 67%，对发展当地农业生产和满足居民生活需要等都具有很重要的意义。

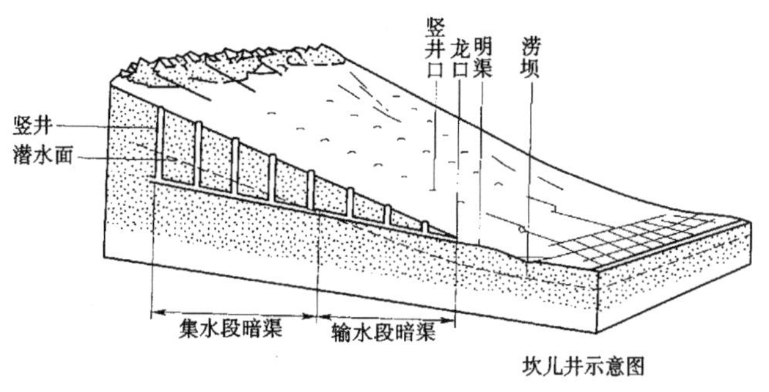

新疆坎儿井构建示意图（《美丽的新疆》）

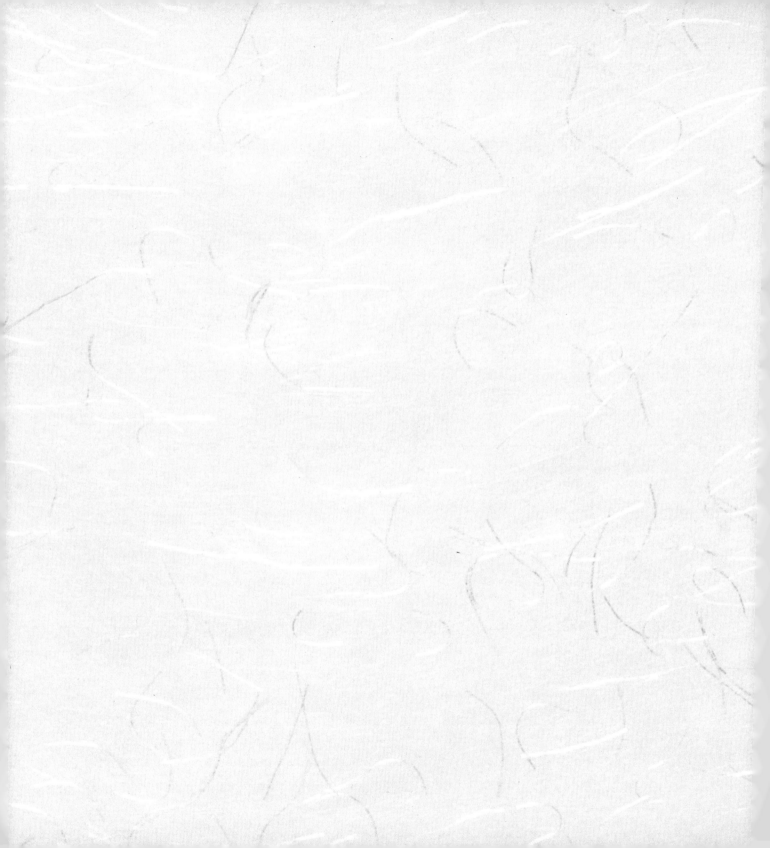

第三章 古代水运工程

我国水运工程不仅历史悠久，早在 2500 多年前已出现发达的水运网，而且拥有世界最长的运河，开凿了翻山运河，不仅解决了复杂的水源问题，且创造了多沙运渠中通航的奇迹。

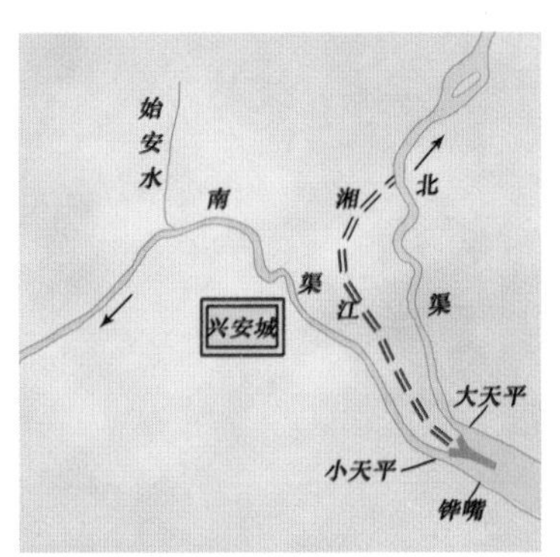

灵渠水系图

一、灵渠

秦统一六国后，为巩固国防，北方需抵御匈奴的侵扰，南方则要统一岭南。著名的灵渠是为统一岭南而开凿的运道，沟通了长江水系的湘江与珠江水系的漓水。灵渠又称陡河或兴安运河。

公元前 221 年，秦出兵岭南。由于进军途中要穿过湘桂丛山地带，军粮运输困难。“使监禄无以转饷，又以卒凿渠而通粮道”。在史禄的主持下，于今广西兴安县开凿灵

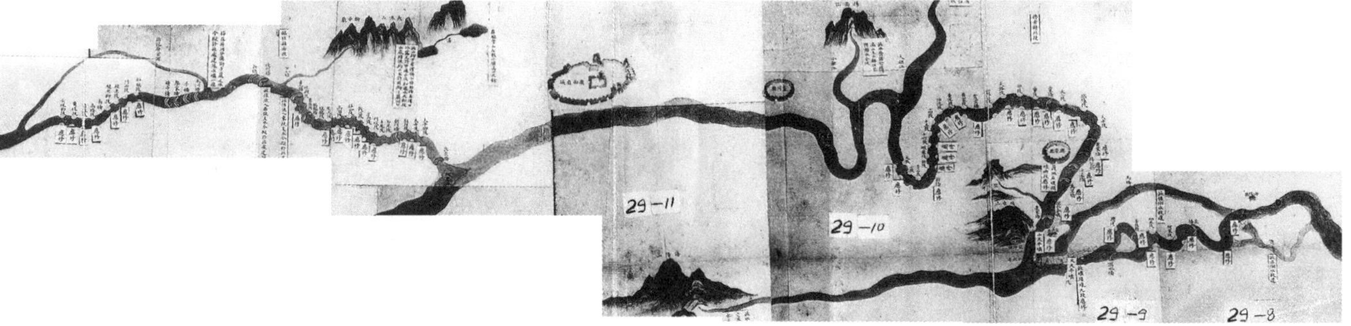

灵渠工程布置图

渠，沟通了湘、漓二水。灵渠开通后，秦国利用这条运河，运送粮草。统一岭南后，置三郡于此。西汉时曾用灵渠进行军事运输。东汉时，马援为平定南方叛乱，也曾利用灵渠运兵运粮，为此还对灵渠工程进行过修治。灵渠的创建，是秦统一战争的产物，又为后来各朝巩固统一而服务。

（一）灵渠开凿始末

灵渠工程自创建起，大体经历了创建、发展完善和维护三个阶段。

（1）灵渠创建于公元前 219 年，这一时期工程设施并不完善或很粗糙，只能满足基本通航的条件。

（2）唐宋时期对灵渠工程进行过几次大的技术改造和工程整治。唐宝历年间（825—827 年），观察使李渤主持开展了灵渠的全面修治和续建。咸通九年（868 年），鱼孟威进一步加以完善。这两次所做工程主要有：渠首分水工程即铧嘴和天平坝的重建；新设陡门 18 座。这是灵渠创建以来最重要的一次续建。宋嘉祐三年(1508 年)，采用用火烧石和泼冷水凿石等办法增大渠道段面，同时修复和增建船闸。至此，今日灵渠的格局基本形成。

（3）元明清三代对灵渠进行了多次整治，但都是在唐宋格局的基础上进行的。明清时期是灵渠运行的黄金时代。

（二）灵渠工程结构

灵渠工程由渠首、南渠和北渠三大部分组成。渠首建大、小天平坝截断海阳河，壅高水位后经铧嘴分水入南、

分水塘景色

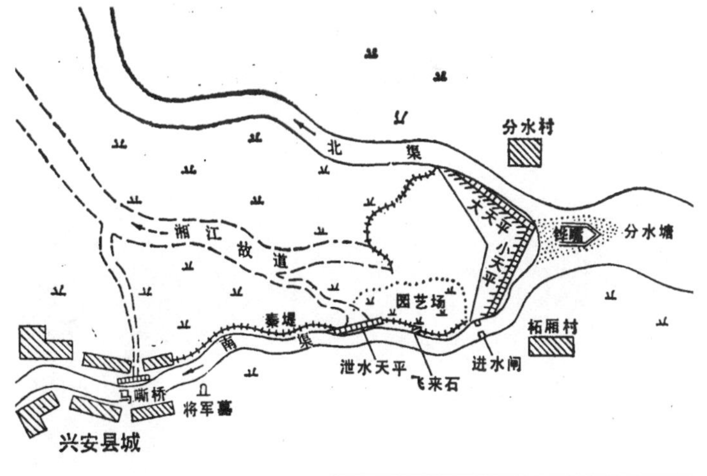

灵渠渠首布置图

北渠，南渠穿越山岭西流入漓江，北渠仍入湘江。

灵渠渠首

灵渠工程的关键在于：渠首设在湘江干流上的合适位置，天平坝的合理高程既能壅高水位，分一部分湘水西入漓江以通船，又能保证汛期洪水可泄入湘江故道，壅水形成的分水塘还有调蓄水量的作用；南渠成功穿越分水岭，自流入漓江；另开一段北渠，以调节因天平坝壅高水位而增加的上下游水位差，使水安全平稳地泄入下游，同时满足航运要求。灵渠渠首的选址充分体现了古人系统性的规划理念，在综合考虑地貌地形和水资源条件等因素后，最终将渠首建在水量较大的海阳河而非始安水上，以保证运河的水源充足；选建于海阳河上游 2.3 公里处，而非海阳河与始安水相距最近处，是因为这里为南岭山脉的最低处，开渠工程量较小，同时海阳河水位仅稍低于始安水水位，渠首筑低坝拦水即可自流入始安水。

小天平遗址

1. 渠首

灵渠的渠首主要是壅水、分水的作用，工程由大天平、小天平、分水塘、铧嘴及南陡、北陡几部分组成，其中主体建筑是大、小天平。

大、小天平坝呈人字形布置，坝轴线夹角 95°。斜向北渠一侧的叫大天平，长 343.3 米，宽 21.1 米；斜向南渠一侧的叫小天平，长 127 米，宽 18.1 米。坝顶可全线溢流，以便控制入渠水流的水位不会过高，“天平”之名即源于此。大、小天平壅高了海阳河的水位，使水能自流入始安水。坝上游形成一个小水库——渼潭，即所谓分水塘，有水量调蓄的作用。坝面为片石竖砌，能够在水流冲刷下保持结构稳定。

铧嘴是灵渠的分水建筑，自大、小天平人字形顶端向上延伸 30 米至渼潭中，分导湘水入南、北两渠。因其前尖后阔，形似耕地的犁铧，古人称其为“铧堤”。铧嘴顶部是一石砌方台，劈分水流，平顺地导水入南北二渠。当海阳河来水小于南北渠合计 18 立方米每秒的过流能力时，铧嘴的分水比例大致为三七分水，且该比例非常稳定。

南渠上的黄泥陡门遗址

“陡门”也叫“斗门”，是灵渠主要的水流控制建筑，唐代时渠道全线有陡门 18 座，宋代增至 36 座，因此灵渠又被称作“陡河”。陡门的结构和功能相当于现代的水闸。斗门为枯水季节蓄水行船而设，多设于水流浅急处。南陡和北陡分别是南渠和北渠上的首座陡门。当来水流量满足南北两渠正常需要时，二陡常开，并无显著功用。当来水量较小时，则需闭陡门蓄水，具体运行方式如下：南渠有航运需求时，闭北陡，增加南渠的进水量，船出入南渠；闭南陡开北陡，则增加北渠的进水量，船出入北渠。通过南北陡的交替启闭，在缺水的季节也能够实现全渠的航运。

2. 南渠

南渠人工河段自南陡至清水河口共长 10.6 公里，其中前 3.9 公里完全为人工开凿；后 6.7 公里是在天然小河道线路上经人工重新开凿的河道，可以称为半人工河段。自清水河口至大溶江灵河口是局部经人工整治的天然河道，长 22.4 公里。南渠是湘江水穿越分水岭入漓江的通道，历史上所讲灵渠多指南渠。由于不同河段地形不同，各段的工程特点也有所不同。

南渠及其上的万里桥

3. 北渠

谈到灵渠往往只指南渠，其实不然。北渠虽不足 4 公里长，工程形式简单，且没有穿越分水岭的关键性工程，但却是灵渠工程体系中不可缺少的部分。大小天平将其上游湘江水位壅高了 4 米左右，如果仍从湘江故道下泄，水流的平均坡降就会比原来增加

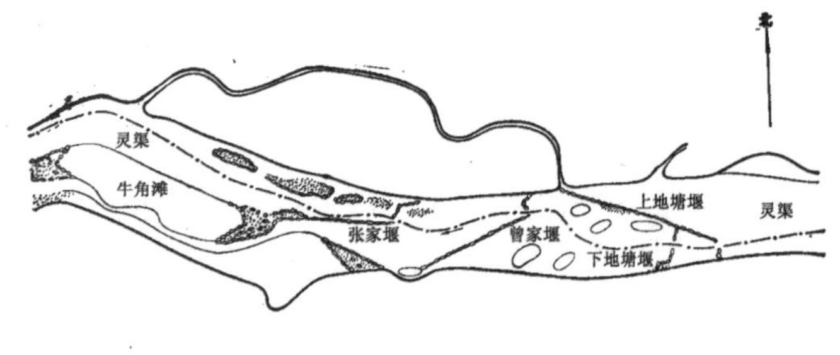

灵渠上的堰坝

1.4‰，剧烈的冲刷会影响河床的稳定和河道的安全，而且湍急的水流也不利于行舟。于是自分水塘东另开一段渠道，导水安全下泄仍入湘江，即北渠。

为平缓坡降，北渠转了两个 180° 的大弯，将流径延长了 1 公里左右，渠道的平均坡降降为 1.7‰。同时，设置陡门三座（不包括北陡）控制水流，以便在枯水时改善航运条件。

4. 堰坝

陡门的运用需要日常操作和设备维护，密集的陡门对船只航行不利，而且限于河宽和地质等条件，不是所有位置都适合建陡门的。因此，作为陡门的补充，灵渠上还修建了许多堰坝，在行船条件不好而又不适合建陡门的河段来控导水流。堰坝主要应用在南渠清水河口以下的自然河段，针对这段河道浅滩、礁石较多、情况复杂多变的特点，可根据需要灵活布置的堰坝比陡门更能发挥作用。

二、鸿沟

鸿沟是最早直接打通黄河和淮河的人工运河，战国中期由魏国修建。

魏国地处战国七雄中央，是战国初期最早进行变法的国家。魏文侯（公元前 445—前 396 年）在李悝、吴起、西门豹等人协助下，对经济和政治进行改革，国力盛极一时。魏惠王即位后，雄心勃勃，力图称霸中原。为此，先在魏惠王九年（公元前 361 年），将都城由安邑（今山西夏县西北）迁至大梁（今河南开封市）。次年，开凿鸿沟。

鸿沟经过两次大规模施工才告完成。首次施工始于公元前 360 年，主要工程是从黄河的支流济水引黄河水南下，注于大梁西面的圃田泽，“又为大沟引圃水”，大沟就是鸿沟，即自圃田泽向东开渠，引水到大梁。当时圃田泽是一个很大的湖泊，周围 300 里，既可作为计划中鸿沟航道的水柜，以调节鸿沟的水量；又可作为沉沙池，使水中的大量泥沙沉淀于此，以减轻下游运道的淤塞。这一时期开凿的是鸿沟的上游段，即开封以西段。关于鸿沟上游段的名称及解释，众说纷纭，意见不一。根据姚汉源先生的考证，圃田泽的通渠水口主要有五池口、不家水口、清沟口等，这些都是过泽入渠的天然水道，也是鸿沟的补充水源。除济水外，鸿沟还有一个引河水源，即通圃水的十字沟。

又过了 20 多年，即魏惠王三十一年（公元前 339 年），魏国对鸿沟做了大规模的扩展，将原来的大沟向东延伸，经开封城北到城东，再折而南下，至今河南沈丘东北，与淮水重要支流颍水会合。这条人工河道，史称鸿沟，也是鸿沟的中段。鸿沟从开封南下时，一路上又沟通了淮河北面的一些支流，如丹水（汴河上游）、睢水（已淤）、濊水（今浍水）等。

鸿沟凿成后，引来了丰富的黄河水，不仅鸿沟本身成为航运枢纽，而且丹水、睢水、濊水、颍水等也因为补充了水量，航道比较畅通，内河航运有很大的发展，沟通了今河南、山东、江苏和安徽等省的运道。因而，司马迁在概括鸿沟的重要作用时慨叹道：“荥阳下引河，东南为鸿沟，以通宋、郑、陈、蔡、曹、卫，与济、汝、淮、泗会”。

鸿沟水系不仅改善了魏国的水上交通，对于淮河流域社会经济的发展也有重要的作用。由于这些水道兼可灌溉农田，因而促进了魏国农业的发展。至战国中后期，鸿沟及其所连通的丹水、睢水、濊水、颍水等流域成为我国最主要的产粮区之一。鸿沟的开凿，还促进了沿运城市的发展，沙水别出鸿沟处的陈（今河南淮阳），西淝河、颍水入淮处的寿春（今安徽寿县），睢水岸边的睢阳（今河南商丘），

鸿沟口（1980年）

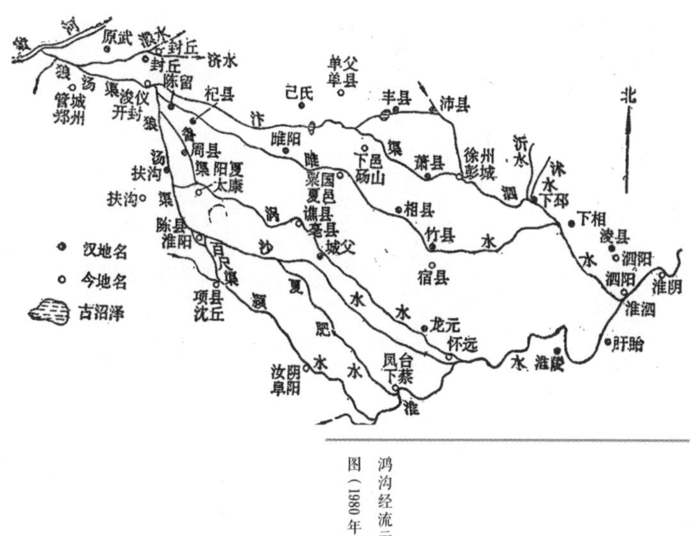

鸿沟经流示意图（1980年）

丹水和泗水交会处的彭城（今江苏徐州），以及大梁（今河南开封）等，都成为盛极一时的城市，有的还成为大国的都城所在地。

如果说春秋战国时，由于各诸侯国间的割据分裂，黄淮间的水运交通尚不能充分发挥其应有的作用，秦统一后，情况就有了变化。大约在攻取荥阳（公元前249年）后，秦国就在鸿沟济水入黄河处建筑广武城及敖仓。敖仓是很大的粮食转运仓库，鸿沟的地位日益重要。秦汉以来，东南大量的粮食通过内河进入中原，由鸿沟至汴梁，入黄河再送达关中。

鸿沟到汉朝时称狼荡渠，魏、晋时的蔡河，也是鸿沟的一部分，它在历史上长期发挥着重要的作用。

隋炀帝（唐阎立本《历代帝王图》）

三、通济渠—汴渠

通济渠是隋唐宋时期联系黄河和淮河的骨干运道，又称汴河、汴渠。

（一）隋唐通济渠

通济渠是在古汴渠基础上开凿而成的。古汴渠是鸿沟运河系统的一支，从黄河引水后经今开封、商丘、虞城、砀山、萧山至徐州入泗水，沿泗水入淮河，隋代以前一直是沟通黄河与淮河的重要运道。

隋唐通济渠示意图

隋大业元年（605年），隋炀帝命宇文恺在古汴渠河道基础上加以整治，修筑堤堰，设置斗门等。渠成，名“通济”。这一工程在洛阳役丁200万，河南、淮北、淮南诸郡110万，历时五个月完成。

通济渠自洛阳西苑引谷、洛二

水分支入洛水正流，通黄河，又自板渚（今河南荥阳县汜水镇东北）引黄河水，与古汴渠合入新渠，通于淮。其中，从东都洛阳引谷、洛水进入黄河段，仅对局部进行了疏浚和整治，工程量不算太大。“引河通淮”段工程比较艰巨，首先对今荥阳和开封间的古汴渠故道进行了疏浚、拓宽和改建；其次，在开封以东与古汴渠分途，另开一条新渠，东南经今陈留、杞县、商丘、永城、宿县、泗县，在泗州入淮。新修的渠道，“广四十步，渠旁皆筑御道，树以柳”。同时整修了山阳（今江苏淮安）至扬州的渠道，即山阳渎。全部工程，自东都洛阳至江都，长约2200余里。

隋炀帝游幸图（日本《国民东洋史大纲》）

通济渠撇开了由汴入泗的故道，径直入淮，既缩短了航程，又可避开徐州附近的徐州洪、吕梁洪之险。然而，由于这段工程尚未完善，隋代及唐初运道仍以溯泗入汴为常，直到唐中叶才畅通无阻。

通济渠刚刚建成，隋炀帝便从东都洛阳出发，巡幸江都，沿途舳舻相接，浩浩荡荡，绵延200余里，500里内各州县都要进献山珍海味，劳民伤财，为隋王朝的覆亡埋下伏笔。但是，通济渠却在其后的唐代发挥了重要的作用。因而，晚唐诗人皮日休对通济渠的开凿发出如此感慨：“尽道隋亡为此河，至今千里赖通波。若无水殿龙舟事，共禹论功不较多。”

唐代，通济渠地位日渐重要，维修最勤，且有完善的管理制度。安史之乱（755—762年）期间，通济渠断航长达8年。唐广德二年（764年），刘晏接办漕运后，主持修复汴河，并在扬州、河阴（今河南孟津）和长安建转运仓，实行漕粮运输“转般制”，即“江船不入汴，汴船不入河，河船不入渭。江南之运积扬州，汴河之运积河阴，河船之运积渭口，渭船之运入太仓”。漕粮转般制的实施有效地保障了长安和洛阳的物资供应，并对后世产生了深远的影响。

《清明上河图》中描绘的汴京城内运河的繁华景象

（二）宋代汴河

北宋定都汴京（今开封），人员辐辏，商业发达，加上几十万禁军驻扎于此，汴京繁盛一时，“比汉唐京邑，民庶十倍”。然而，汴京的粮食多仰仗江南地区，全靠漕运维持，横亘东西的汴渠成为骨干运道。时人称“半天下之财富，并山泽之百货，悉由此路而进”。因而，一旦漕渠出问题，就会人心惶惶。宋淳化二年（991 年）汴渠决口，宋太宗竟不顾道路泥泞驱车亲临视察，汴渠的作用由此可见一般。汴渠的漕运量一般为每年 600 万石，宋仁宗时最高达 800 万石，漕运船只约 6000 只。自楚州、泗州至汴京 80 天一运，每年可三四运。汴渠兴盛的运输一直持续到北宋末，金兵南侵，汴渠失去维护，逐渐废弃。

由于汴渠以黄河水为源，引黄河水的同时引来大量泥沙，治理比清水运河复杂，由此，宋代在治汴方面积累了一定的经验。

1. 引黄与引洛

北宋以前，汴渠一直以黄河为水源，这就带来两个问题：①黄河含沙量较高，使汴渠严重淤积，水流不畅，难以航运，疏浚河道、筑堤防洪成为汴渠维护使用的沉重负担。②黄河河床易摆动，使得汴渠渠水口的位置不得不随之伸缩改动，工程浩繁。为此，北宋熙宁年间，出现清汴工程。

宋神宗熙宁（1068—1077 年）以前，每年春天都要选择合适的地点开引水口；冬季水浅不能通航时，再关闭水口，进行冬修。如此，每年通航时间不过 200 余天。取水口常选在唐代河阴汴口附近，其位置不但与进水量，还与进沙量有关。汴渠取水有斗门和石限（相当于滚水堰），考虑到每年都要决口，都是临时性建筑物。水大时，冲坏建筑物，河道就易冲决，只好临时关闭取水口或控制取水量。

宋仁宗时，有人建议弃避黄河，改引洛水入汴。但因黄河南岸紧靠广武山山脚，难以凿渠而罢。宋熙宁年间，王安石当政时，曾设想固定取水口，以延长通航时间。宋熙宁四年（1071 年），开訾家口，修泄水闸，用于宣泄大水；开辅助进水口，水小时开放。然而，訾家口不久即淤。三年后，正口只能进水三四分，辅助进水口反而进水六七分，于是堵塞正口。宋熙宁十年（1077 年），黄河主流北移，在广武山脚退出 7 里宽的高滩，这为导洛入汴创造了条件。

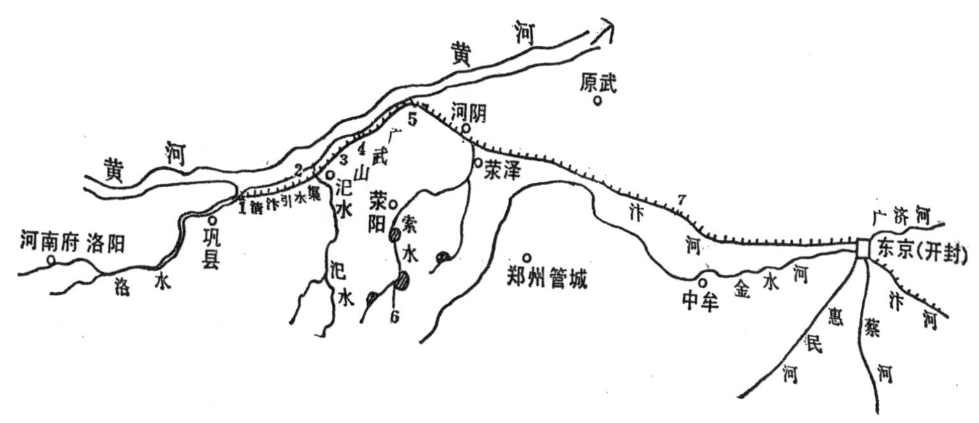

北宋清汴工程示意图

宋元丰元年（1078 年），有人重申“导洛”建议。时水监范子渊指出引洛有十利，并提出引洛工程的初步方案：自巩县神尾山至土家堤筑大堤 47 里，以捍大河。自沙谷至河阴县十里店，开渠 52 里，引洛水入汴渠。范子渊的意见得到朝廷的重视，次年以宋用臣为都大提举，命其主持导洛入汴工程。导洛入汴方案主要包括如下工程：①以洛水口右岸沙谷为取水口。在广武山北黄河高滩上开引水渠一条，至河阴县十里店注入汴河，长 51 里。在洛水入黄河口处修筑溢流坝，壅洛水入引水渠。同时堵塞旧汴口。②蓄水。清汴工程主要以洛水为水源。此外，还将索河引至地势较高的陂塘中，作为汴河的调节水柜；因新开引水渠的横截，汜水也成为汴河的水源。③筑堤。在清汴引水渠外侧筑堤，以防黄河南侵，大堤长 47 里。④整治汴渠河槽。每 20 里设一束水，约拦水流，增加水深；每 100 里置一水闸，节制水流，以利通航。即所谓的“木岸狭河”措施，宋元丰三年（1080 年）做狭河木岸，长 60 里，河宽 100 米，以木岸工程使宽浅河段束窄而刷深。

清汴工程完成后，汴河面貌为之一变。此后，汴河上的行船增加，通航时间延长，维护管理人员减少，运输能力大为提高。同时，汴渠的安全性增加，每年溺死汴渠的人数由往年的高达 2000 多人缩减为 540 余人。因而，时人评价道：“清汴导洛贯京都，下通淮、泗，为万世利。”

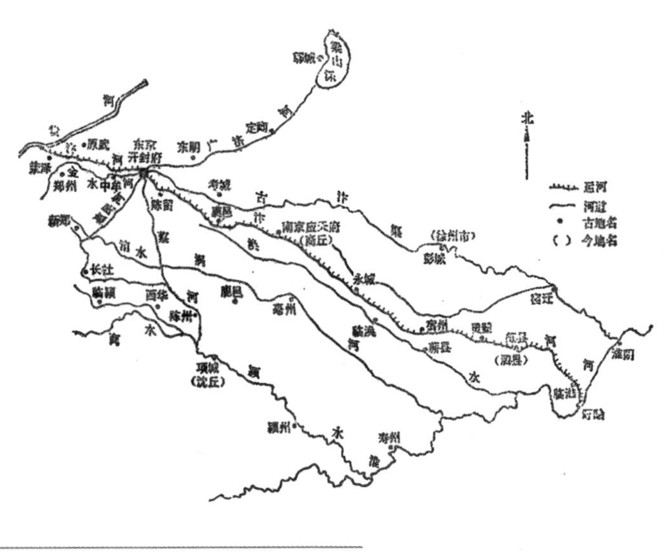

宋代汴渠水道示意图

2. 汴河水道

汴渠里程，自开封至江苏泗州入淮口共长 840 余里，河道平均坡降约为 2/15000。

汴渠水深，以六尺为准，重载入水不过四尺。汴京附近，水深达七尺五寸，就要召集禁军防洪。宋熙宁年间，一度涨至一丈二尺。

汴河河床宽窄不一，宽处常达二三百步。宋大中祥符年间，做“头踏道”、“假岸”等类似临水面的戗台建筑物，浅处则作“锯牙”以束窄河床。嘉祐六年（1016 年），用木岸狭河，以 60 步为限。后屡次做木岸狭河。“木岸”是一种桩梢护岸，用以束水刷沙，为“束水攻沙”之先河。

古图《御驾观汴涨》

两岸堤高，临水面不过数尺，由于黄河泥沙的淤积，汴河常常成为地上河，疏浚工程浩繁。而且，汴河河道虽然宽浅，但中流湍急，容易失事。因而，汴河有专业的维修队伍。防洪用禁军，疏浚用民夫。宋前期，定有制度，能够勤加修治；后期，制度废弛，甚至几十年不浚，致使汴河高于地面，京城排水不能入汴。

3. 汴河的漕运量

宋太平兴国年间（976—984 年），汴河岁运江淮米 300 万石，菽 100 万石。其他运渠 150 万石。至道初年（995 年），汴河漕运量 580 万石。景德四年（1007 年），定岁额为 600 万石。大中祥符初（1008 年），漕运量达 700 万石。仁宗时，漕运量达历史最高，为 800 万石。此后，有所减少。

四、永济渠

曹操画像

永济渠是沟通黄河与海河两大水系的运道。其开凿始于东汉末年，时曹操为北征袁尚，自南而北开凿白沟、平虏渠、泉州渠和新河，将黄河、海河、滦河连成互为贯通的水路。隋代以此为基础建成永济渠。宋代，永济渠又称御河。元代京杭运河全线贯通，永济渠成为南运河的重要组成部分。

（一）白沟和枋堰

三国时期，黄河东北流在今河北沧州入海，下游与海河相通，丰水时水流湍急，不便航行；枯水时水流散漫淤浅。东汉建安九年（204 年），曹操北征袁尚，为解决粮饷运输问题，在淇水入黄河的淇口用大枋木做堰，分淇水为二，一支仍入黄河，一支北流。淇口有清水自西南来与淇水汇合。清水向东北有故道，白沟首段利用的就是这一段故道。二三十里以下又利用黄河宿胥渎旧道，加以疏浚修整而成，以下即名“白沟”。白沟建成后，成为曹魏军运的重要水路。

（二）利漕渠

曹操以邺城（今河北临漳）为根据地，于东汉建安十八年（213 年）引漳水过邺城，开利漕渠通白沟，由白沟南通黄河，再转江淮；北则通平虏各渠，直抵幽蓟。白沟东北流至今馆陶县南，利漕渠在左岸汇入，名利漕口。东魏迁都邺城，曾利用黄河、白沟向邺城运输所拆的洛阳宫殿木材等。

（三）平虏渠、泉州渠和新河

开白沟后两年，即建安十一年（206 年），曹操为消灭袁氏残余势力，北征吴桓，命董昭在今河北沧州以东开平虏渠，在今河北武清县开泉州渠。两渠沟通了东西向的海河支流。在开泉州渠的同时，曹操又向北开了东西方向的新河，沟通了海河支流鲍丘水（白河）与滦河水系，使辽东与中原交通初具网络，便利了曹魏的军运。

（四）隋唐永济渠

为伐高丽、征辽东，隋炀帝在开凿通济渠后，于大业四年（608 年）春征集河北诸郡 100 多万人开永济渠。

永济渠是在曹魏白沟、利漕渠等旧渠基础上利用部分天然河道建成的，南引沁水与黄河通，北分沁水一部分与前代的清河、白沟相接，经过今浚县、内黄、大名、馆陶、临清、清河、武城、德州、东光、南皮、沧州等地，在天津西北行，抵达今北京。永济渠长 2000 余里，“阔一百七十尺，深二丈四尺”，能通大型龙舟。

永济渠建成后，隋大业七年（611 年），隋炀帝从江都乘龙舟，走山阳渎、通济渠，渡黄河入永济渠，历时 55 天抵达涿郡（今北京）。次年正月，发兵征高丽，隋炀帝乘龙舟自涿郡出发至辽东督战。此次战役，除粮草外，通过永济渠运输兵卒 113 万人，船舶首尾相接达千余里，军运规模空前。此后大业九年、十年（613—614 年）又先后两次征伐高丽，每次都通过永济渠运送同样规模的军队和军需品。然而，隋炀帝三次东征高丽均大败。开运河和征高丽耗费了隋朝大量的人力、财力和物力，加速了其灭亡。

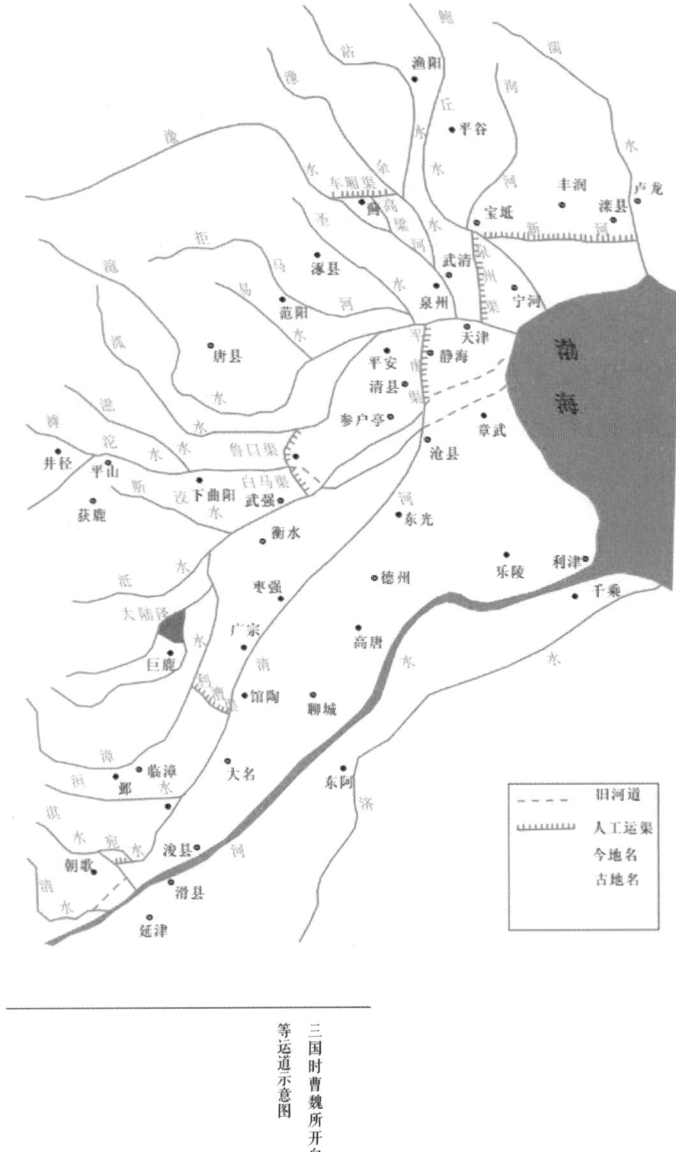

三国时曹魏所开白沟等运道示意图

唐代，永济渠仍然是主要水运通道。这一时期，永济渠在上游与沁水分开，只引清河、淇水二水，由淇水入黄河，再经过洛水达洛阳，或沿渭水西抵长安。为扩大水运交通网，唐代在永济渠两侧新开一些支渠，如清河郡的张甲河，沧州的无棣河，以及任丘、大城附近自滹沱至永济渠间的运渠等。唐贞观十八年（644年）用兵辽东，后周显德六年（959年）北征契丹，都是通过永济渠运送军队和粮饷。

（五）宋代永济渠

宋代，永济渠又称御河。这一时期，御河的主要功能不再是向都城开封运输漕粮，而是由都城向河北沿边各地转运军饷，岁运数万石至数十万石不等。金代，永济渠仍为主要运道。宋金时期，御河屡为黄河所侵，整治效果不大，航运问题突出。

北宋时，永济渠从内黄南到临清一段，已与沁水隔绝，以今卫河为水源；直达天津一段大致相当于今京杭运河的南运河段；天津以北桑干河段泥沙淤积较盛，通航时间可能较短，隋以后即不见记载。

宋代，御河自魏州（今河北大名）以下能四季通行三四百料船，但仍存在如下两个问题：一是洪水时决溢，枯水时水量不足；二是黄河决溢时常常横冲御河，尤其是黄河北流时下游与御河合流，导致航运困难。因而这一时期修堤、疏浚、改河工程不断，工程量巨大。

南宋初，黄河南徙夺泗入淮，北方的金政权仍利用御河开展漕运。元代以后，永济渠演变成南运河，成为京杭运河的一段。

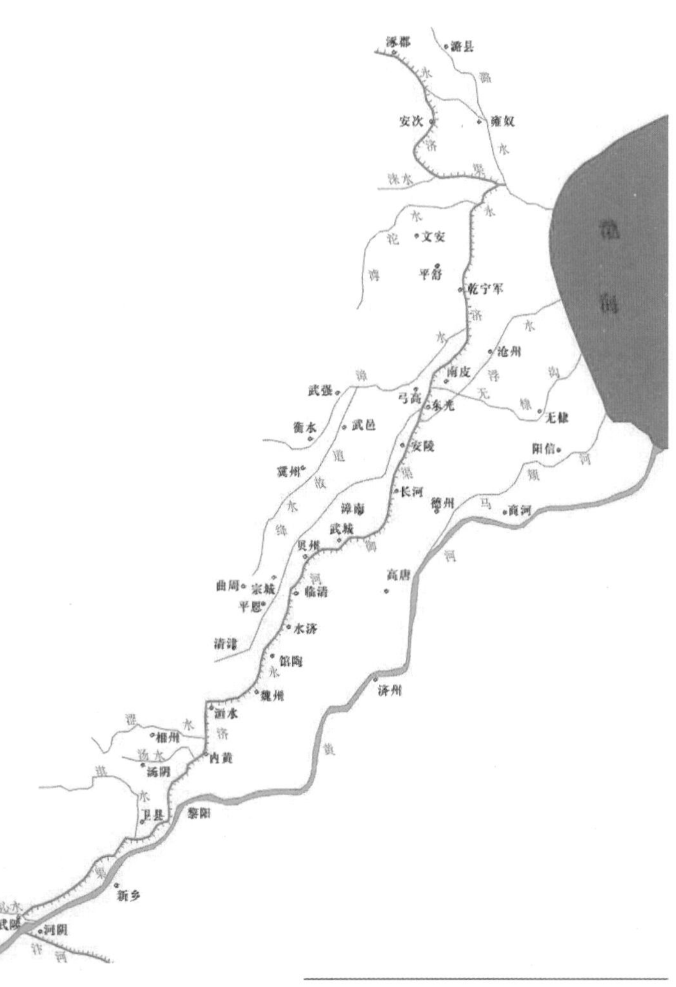

永济渠示意图

五、关中漕渠

西汉定都今西安，汉武帝时，随着国家的强盛和西北战事的增多，每年自关中而西运至都城的漕粮达百万余石，而当时的主要运道渭水迂回曲折，难以满足漕运的需求，关中漕渠应运而生。

（一）漕渠

为改变渭水运道迂回曲折的局面，西汉元光六年（公元前 129 年），采纳大司农郑当时的建议，自长安引渭水，沿终南山（即秦岭）东下，沿途收纳灞、浐等水，经今临潼、渭南、华县、华阴和潼关，直抵黄河，长 300 余里。3 年后，漕渠竣工，漕运历时由原来的 6 个月缩短为 3 个月，漕运量增至 400 万石，最多时高达 600 万石。

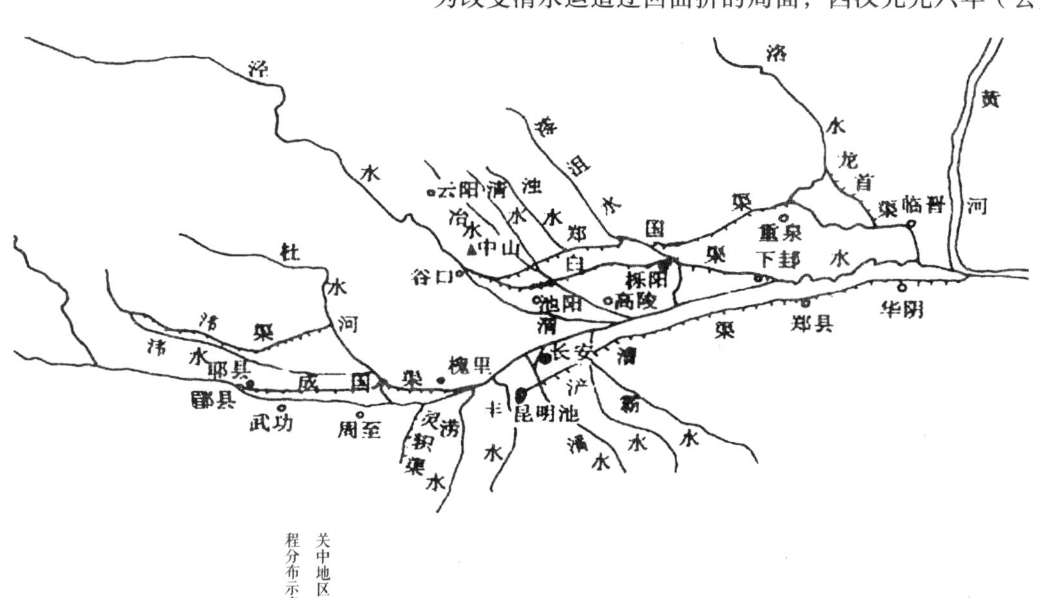

关中地区水运工程分布示意图

隋开皇四年（584 年），隋文帝开凿广通渠，引渭水自今西北城北，东至潼关 300 余里达黄河，路线与西汉漕渠基本相同。

（二）黄河砥柱之险与褒斜道的开凿

由渭水或漕渠通黄河的航运过程中，最艰险的一段是三门峡砥柱。河东守（今山西省）番系建议开河东渠田，即引黄河和汾河的水灌溉今河津、永济一带农田，发展水利，增加粮食产量，从而达到不再从三门峡以东运粮的目的，以避开其险阻。汉武帝采纳了这一意见，然而，由于河道摆动不定，引水口进水困难，没有达到预期目的。

开河东渠田措施失败后，又有人提出避开三门峡险阻绕道转运的方案，即自南阳郡经汉水至汉中，通褒水，再陆运百余里入斜水，由斜水入渭水，顺流而下，直抵长安。武帝采纳了这一意见，约在元狩三年至六年间（公元前 120—前 117 年），发军工数万人修褒斜道 500 余里。由于该工程连接汉水支流褒水与渭水支流斜水，故史称“褒斜道”。

褒斜道开成后，虽然运道缩短，但由于褒、斜三水河谷过于陡峻，水流湍急，且水中多礁石，无法行船，也失败了。

100 年后，即汉成帝鸿嘉四年（公元前 17 年），丞相史杨焉建议平治运道险阻，开凿砥柱，即在黄河三门砥柱劈山凿石，拓宽河面，以利航运。然而砥柱虽被凿短，但常在水面以下，激水更甚，使这一河段比原来更加危险。此次工程再次以失败告终。

（三）阳渠

东汉迁都洛阳，东部地区至首都的漕运不再通过三门峡。东汉建武二十四年（48 年），大司空张纯在洛阳城南“穿阳渠，引洛水为漕”。自此，漕运由黄河经洛水入阳渠，顺利抵达洛阳。

六、京杭运河

京杭运河始建于公元前 486 年，至今已有 2500 年的历史，自北而南沟通了海河、黄河、淮河、长江和钱塘江五大水系，至今仍在发挥效益。京杭运河沿线自然条件的千差万别及水资源时空分布的不均，使它成为历史时期水利工程最为集中复杂、水利管理最为严格的工程体系。京杭运河在其运行期间，还促进了不同区域的经济文化交流，并于沿线形成众多运河城镇，衍生出丰富的地域文化，造就了优美的自然景观和历史景观。

（一）京杭运河的由来

京杭运河始建于公元前 486 年的邗沟；隋唐宋时期形成了以洛阳、长安和开封为漕运目的地的东西大运河工程体系；元代开会通河、通惠河，构成了以北京为漕运目的地的京杭运河体系；清咸丰五年（1855 年），黄河自河南铜瓦厢决口，改流大清河由山东利津入渤海，京杭运河被拦腰截断；1902 年漕运终止，加之年久失修，京杭运河逐渐萎

古秦伯渎遗址

古邗沟遗址

缩成地区性运河。

1. 春秋战国至秦汉时期

春秋至秦的500多年间，为满足诸侯争霸运输军队和粮饷的需要，各诸侯国纷纷开凿运河，成功沟通长江、淮河和黄河等水系。但受诸侯割据和技术限制等历史条件的制约，这一时期的工程规模都不大，多为区间运河，位于江河中下游平原或在河网地区通过人工河将两个相邻天然水体连通。

根据史学家司马迁的记载，这一时期运河首先出现在水量丰沛且控制在实力雄厚的诸侯国的江淮和太湖流域。《史记·河渠书》中的“通渠三江五湖，通鸿沟于江淮之间”主要指吴越在太湖流域开运河，该区段后来成为江南运河局部；公元前486年吴国为北上争霸中原而开邗沟，沟通了长江和淮河，后演变为里运河。江南运河和邗沟是京杭运河开发最早的两段，此后经过多次整治，但路线没有较大的变化。开邗沟后4年，吴国沿邗沟北上过淮入泗，在今山东鱼台县南向西开菏水，至今菏泽附近与当时的黄河分支济水相通，这是最早沟通黄河与淮河的运道。公元前361年，魏国开凿鸿沟，更为直接地打通了黄、淮间运道。鸿沟在秦代是向东部地区输送物资的要道，楚汉战争时是刘邦自关中向东输送粮饷的要道。刘邦统一全国后，也主要通过鸿沟将江淮的漕粮西运至关中，供应西北边防及首都官民；同时沿此线向东辐射其政治统治和军事控制。隋唐宋时期鸿沟演变为东西大运河的关键河段通济渠，又称汴渠。

总之，春秋战国时期，运河的开凿主要出于军事目的，规模较小，技术成就主要体现在渠线规划方面。两汉时期，政治中心在长安和洛阳，江淮地区逐渐得以开发，自西北向东南的水运日见重要，东西大运河开始形成。

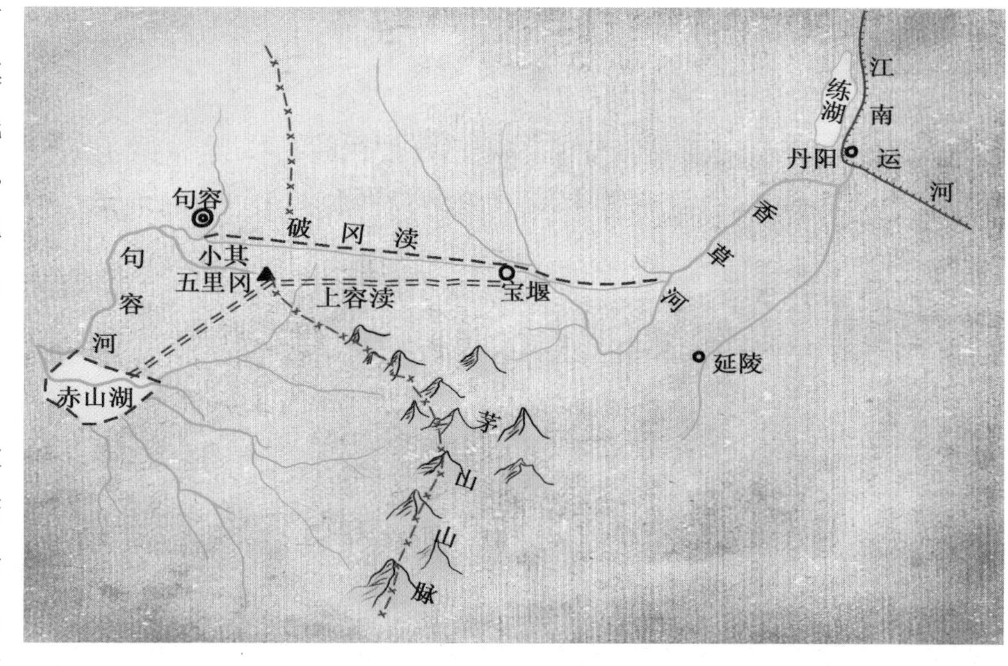

破岗渎、上容渎路线示意图

2. 三国两晋南北朝时期

三国两晋南北朝时期，政治上由统一到分裂，政权频繁更替，长者不过百余年，短者不过一二十年，可谓纷争不已，兵燹不断。各国“能臣”“无不以通渠积谷为备武之道”。这一时期，以自南而北的白沟、平虏渠、利漕渠等区间运河和江南运河的形成为标志，南北大运河雏形渐成。

东汉末年曹操当政时，为北征袁尚，解决粮饷运输问题，于建安九年（204 年）自黄河北引淇水，开白沟，与漳水相通。建安十一年（206 年）开平虏渠，约相当于今南运河北段。同年于平虏渠北开泉州渠，渠北口与鲍丘水（在今宝坻县西北）相通。鲍丘水上开新河，向东直通滦河。这是历史上第一次沟通海、滦河水系。曹魏所以能够顺利统一北方，这些运渠的开通发挥了重大作用，曹魏的成功可谓“始于屯田，成于转运”。

这一时期，割据江南的孙吴开破岗渎，自今丹阳县向西至句容县通秦淮河达今南京。破岗渎长不过四五十里，上建 14 个堰埭，把渠道分成梯级，可以蓄水平水，以横越分水岭通航。这是关于渠化工程的最早记载。东晋以后，南朝建都建康（今江苏南京），渠化天然河道，并建有大量堰埭。船过埭时，用人力或畜力拖拉，或设置绞盘等机械，这是最早的升船机。南朝时期，各国水战时船只多达上万只。江南大船能装载 2 万斛米，几百吨位的船只已很平常。这些都与运渠的开发密不可分。

3. 隋唐宋时期

隋唐宋时期，以隋永济渠和通济渠为标志，形成以都城长安、洛阳和开封为中心纵横东西、横贯南北的全国水路干道构架，航运历程长达 2000 余公里，可说是我国水运史上最为发达的时期。

隋代在邗沟基础上开山阳渎，并拓宽浚深；大修江南运河；开通济渠，自洛阳至淮水改旧汴渠为新汴渠；在三国曹魏所开白沟、利漕渠、平虏渠等区间运河基础上开永济渠，永济渠在唐宋后演变为海河南系的骨干河流——御河（即今卫河），元以后御河在临清以下与会通河汇合，即今南运河。通过这些运河，可沟通南北，控制东北，并用兵辽东。唐和北宋时期对隋代所开运河高度重视，修治甚勤。

这一时期，运河的主要技术成就体现在运河与天然河流相交的运口工程。通过这些工程，可使两河平缓衔

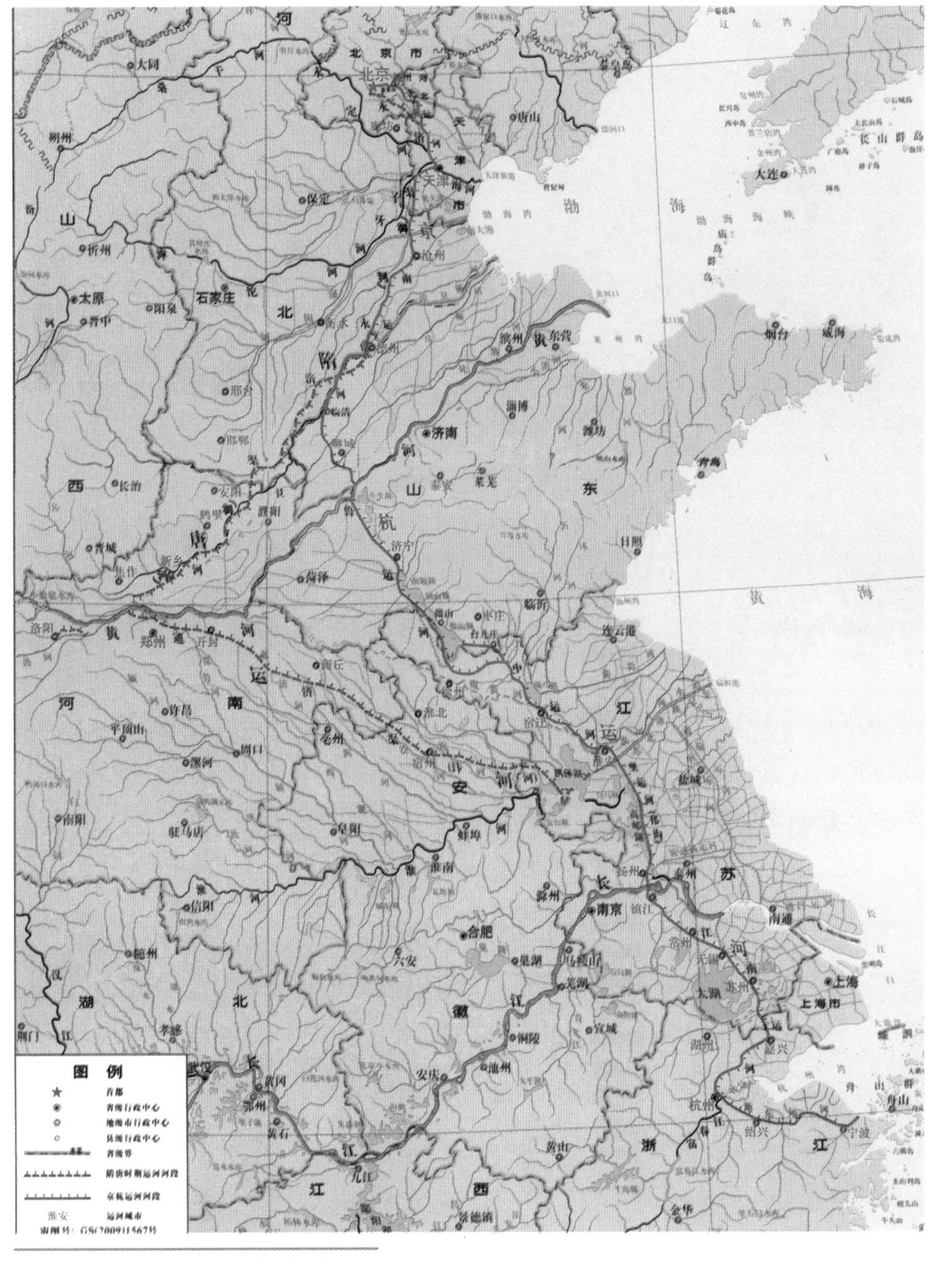

京杭运河与隋唐运河示意图（万金红绘）

接，且具有交通调度、水源供给和泥沙防治等综合功能，从而使人工水路与天然河流的边界日益分明。建于运河与长江、淮河等河流相交的运口处的复闸工程系统则代表了这一时期中国水利工程技术的最高成就。

4. 元明清时期

元统一中国后，出于政治上的考虑，改金中都（今北京）为大都，一改隋唐宋政治上坐西的格局而为坐北。政治中心既在北部，为维持政治中心的正常运转，江南地区的财赋特别是粮食北运至此就成为首要任务。

元代政治中心北移，新运道不必像隋唐宋一样向西绕道洛阳、长安和开封后再北行。于是，元代将隋唐宋时期以洛阳、长安和开封为顶点，以杭州和北京为两个端点的“弓”形运道拉直，成为直接连接杭州和北京南北两端点的“弓弦”形运道。当时北京至杭州只有北京至通州、山东卫河以南至汶泗河两段没有运道，元至元二十年（1283 年）开济州河、至元三十年（1293 年）开通惠河，纵贯南北的京杭运河全线开通。明永乐年间，重开会通河。康熙年间开中运河，今日京杭运河空间格局基本形成。

元明清正值黄河夺淮 700 年期间，黄河洪水和泥沙对运河的侵扰超过以往任何时期。南宋建炎二年（1128 年）黄河南徙夺泗入淮后，如黄河向北决口，则冲断会通河；南北皆决，则决口以下因黄河主溜改道，在黄淮运相交的今江苏淮安境内的南北运口段，运河与黄淮水位难以平顺衔接，漕船难以过淮穿黄。为确保京杭运河的全线畅通，清政府在此投入巨额经费，多时甚至达到国家财政收入的 10%～20%，该地区因此成为中国水利史上工程最为密集、管理最为繁杂的地区。

京杭运河运用 300 年后，即 16 世纪末至 19 世纪中期，黄河对运河的干扰随着泥沙淤积的加重而严重，尤其是清嘉庆（1796 年）后漕船过清口已非常困难。淮河在黄河的压迫下最终于 1851 年由洪泽湖改道入长江而成为长江的支流，黄河则于 1855 年改道北行自大清河入海。1902 年清政府终止漕运，对京杭运河的经营也随之停止，京杭运河南北贯通的历史宣告结束。

（二）天然河流湖泊的利用

京杭运河是通过开挖人工渠段，沟通连接天然河流形成的。为减少人工开挖工程，在进行京杭运河渠线规划时充分利用了天然河流和湖泊。有些天然河流不仅直接成为运河航道，还是运河的主要水源。

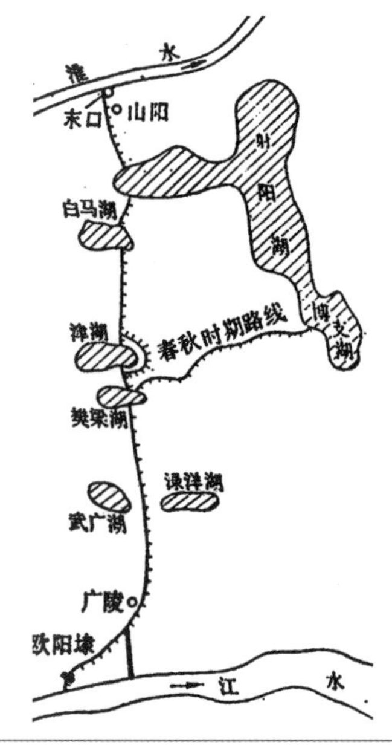

邗沟改道示意图

1. 邗沟

京杭运河最早开凿的邗沟段是利用淮安至扬州间的射阳、樊良、博芝等一系列湖泊与河流临近的自然形势，用人工渠道巧妙地加以沟通形成的。

公元前 486 年，为北上与齐、晋争霸，吴王夫差“筑邗城，城下掘深沟”。夫差所筑邗城即今扬州城，所掘深沟即邗沟，又称韩江、邗溟沟。邗沟最初的路线是自今扬州南引江水，北过高邮，折向东北入射阳湖，出射阳湖后又改向西北，呈 Ω 形弯道，至今淮安末口入淮水。

汉末建安年间，广陵太守陈登将邗沟运道东移：自樊梁湖南至长江仍沿用邗沟旧迹，自樊梁湖北（在今江苏高邮县西北 50 里）开渠至津湖，再自津湖北开渠，引水至白马湖，过山阳城西（今江苏淮安），由山阳口入淮。

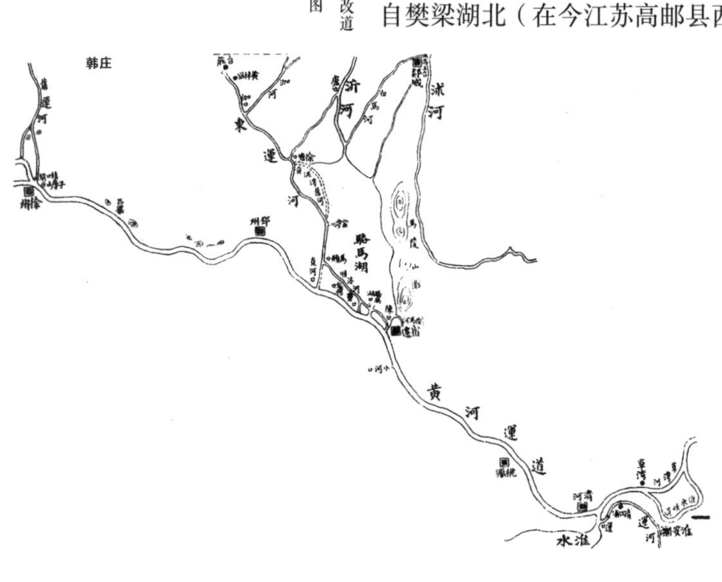

黄河运道示意图

晋代兴宁中（363—365 年），因津湖宽 10 余里，风高浪险，又自津湖南口，沿湖东岸开渠 20 里入津湖北口，绕过津湖，避开风浪。

至明代，淮扬运道仍多行湖中，山阳有管家、射阳等湖，宝应有白马、汜光，高邮有石臼、甓社、武安、邵伯等湖，故有“湖漕”之名。

2.“河漕”——黄河运道

南宋建炎二年（1128 年）黄河南徙，夺徐州以下泗水水道，至淮安清口一带（今淮安码头镇）与淮河合流，至云梯关入海。元代京杭运河全线贯通后，纵贯南北的京杭运河与东西向的黄河分别在今徐州和淮安相交。其中，徐州至淮安约500里间的黄河河道成为京杭运河的重要组成部分，明代称“河漕”。鉴于黄河运道存在泥沙淤积和水源不足等问题，明末清初，先后开南阳新河、泇河和中运河，京杭运河与黄河基本脱离，“河漕”不复存在。

除邗沟和元明时期的黄河运道外，南运河是在天然河流卫河的基础上开凿而成，北运河段则充分利用白河、潮河、榆河等天然河流。会通河北部曾于南旺湖中穿湖而过，南部则取道微山、独山、昭阳和南阳等南四湖。其中，微山湖至今仍为运道。

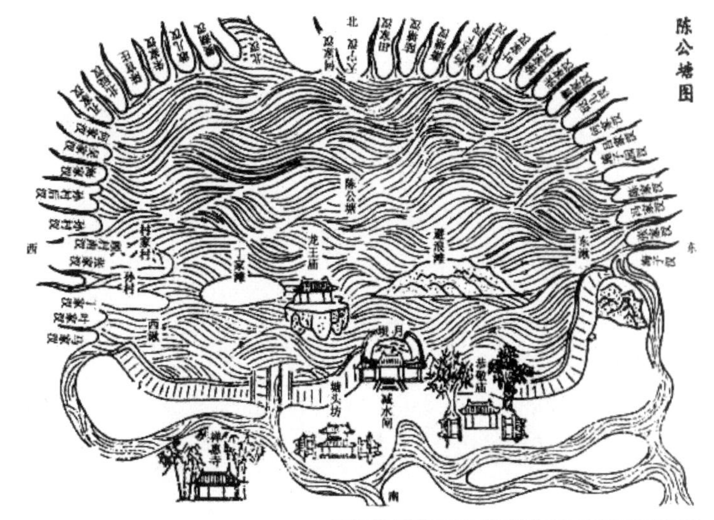

陈公塘图（明隆庆《仪真县志》）

（三）水柜蓄水调节

水源问题是京杭运河航运的关键问题。在运河缺水地段建调节水库或水柜，是解决水源问题的重要措施之一。运河水量不足时，引湖水补充运河用水；运河水涨时，则将过剩水量泄入湖中，以备缺水时再用。水柜可蓄可泄，调节运河水量，在确保航运畅通和防汛安全方面发挥了重大作用。

1. 扬州五塘

京杭运河最早利用水柜改善供水条件的是里运河，主要依靠东汉广陵太守陈登所筑陈公塘等扬州五塘加以调蓄。

里运河南端水源是最大的问题，漕船每年“二月至扬州入斗门，四月以后始渡淮入汴，常苦水浅”。因而，水源开发主要依靠江潮和塘陂引水济运。塘陂主要为扬州五塘，即陈公塘、上下雷塘、勾城塘和小新塘等。其中，陈公塘在今仪征县东北30里处；勾城塘在仪征县东北40里处；上下雷塘在今扬州西北15里处；上雷塘之上为小新塘。五塘的面积都不大，最大的陈公塘（爱敬陂）周围90里；其次为勾城塘；小新塘最小，周仅二三里。

唐贞元四年（788年），淮南节度使杜亚以扬州城内运河官河日久淤积，两岸被居民侵占，漕运困难，开宽街道，疏浚水道，并于蜀岗一带开渠，西引陈公塘（爱敬陂）、

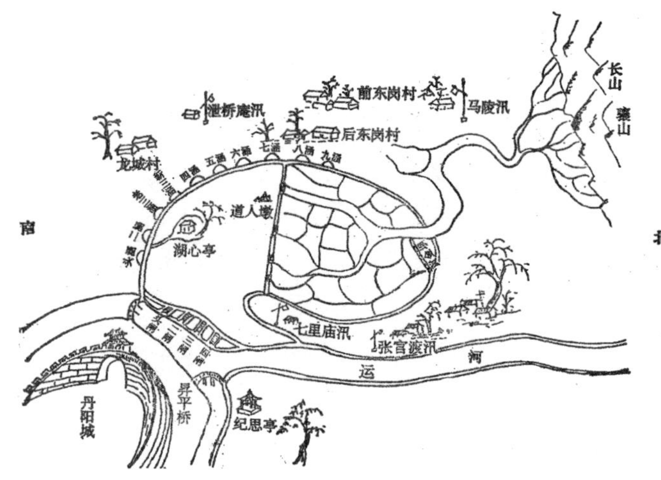

清代练湖图（引自清 黎世序《练湖志》）

勾城塘水济运。

元至正元年（1341 年），于上雷塘堤北建石闸一座。

明成化八年（1472 年），刑部侍郎王恕重修上雷上塘石闸，造水础两座；下塘建石闸一座，水础两座。建小新塘石闸一座，水础两座。后俱废坏。嘉靖后，扬州五塘逐渐遭到围垦，废为民田。

2. 练湖

练湖又称练塘，是江南运河的主要水源工程。它位于丹阳城北郊，创建于晋永兴二年（306 年）。初建时主要用于滞洪灌溉，至唐代中期发展为兼以济运，唐后期至宋代则以济运为主。

练湖所在地区地势西北高、东南低、腹部平衍，古人环山抱洼，依河筑堤，围成盆盂状的平原水库，蓄滞高骊山、长山、马鞍山等丘陵坡地暴雨径流，发展灌溉。练湖的范围和面积，历来说法不一。湖的范围有“四十里”、“八十里”、“一百六十里”等说法。至民国年间，练湖流域面积约 255 平方公里。

至迟在唐永泰年间（765—766 年），丹徒百姓在湖中筑堤 14 里，把练湖分为上下二湖。后润州刺史韦损拆堤还湖，二湖仍合为一。宋绍兴年间（1131—1161 年），中置横埂，练湖又分为上下二湖。这种两级湖的工程布局，对地形有高差的练湖而言，可起到节省工程、增加蓄水量的作用。

练湖的围垦始于唐代百姓筑埂截取湖地为田。宋代，围绕废湖为田还是退田还湖问题，朝廷多次反复。元明清时期，练湖侵佃问题日渐增多，水面不断萎缩，湖貌变迁很大。民国年间，部分辟为农场。1971 年，练湖建为国营农场。

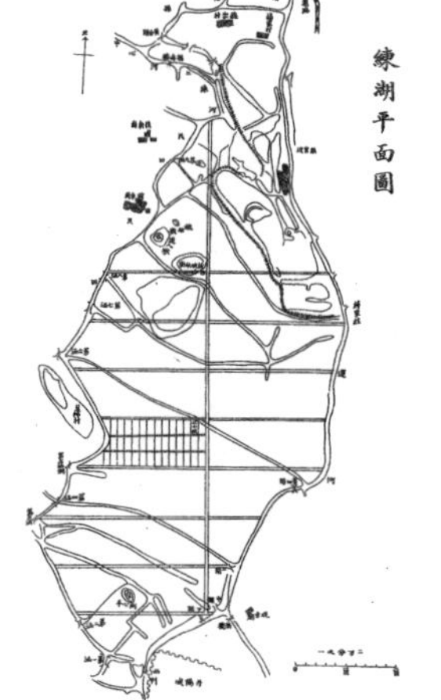

1931年练湖平面图（引自《太湖流域水利季刊》（第四卷））

3. 骆马湖

骆马湖是明清时期中运河沿线的主要调蓄水柜。

骆马湖位于沂蒙山余脉马陵山以西，上承沂蒙山水，西纳微山诸湖余水。原为沂水入泗口的洼地。1128 年黄河夺泗入淮后，泗水河道日益淤高，沂水南下入泗之路受阻；黄河北决漫溢之水也因东面马陵山的阻隔而聚集于此，逐渐潴积成一些分散的小湖。至明万历年间，今骆马湖所在自西而东依次分布着周湖、柳湖、黄墩湖和落马湖（今骆马湖前身）。泇河和中运河开通后，先是利用骆马湖行运，后又用以蓄水济运，致使湖面不断扩大。至清初，骆马湖成为南北长 70 里、东西宽三四十里的大湖。

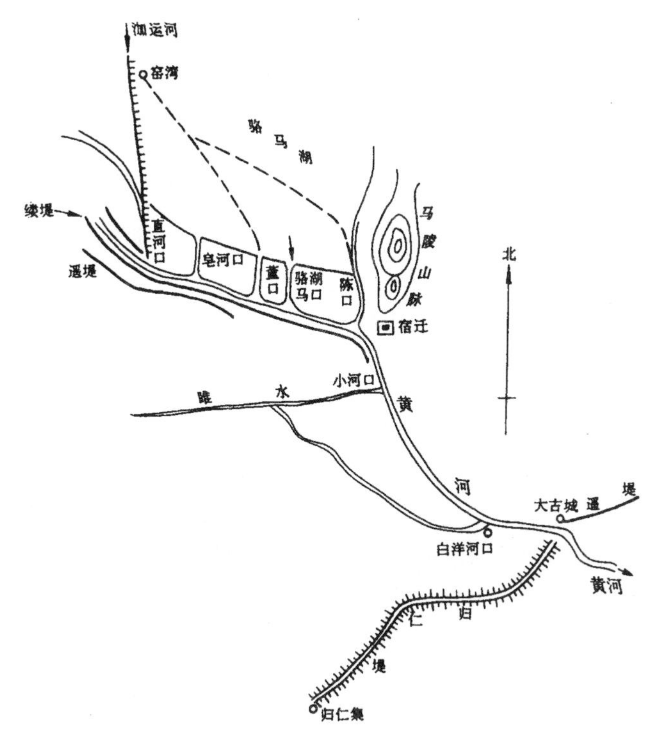

骆马湖湖口、运河与黄河关系示意图（引自清张鹏翮《治河全书》）

骆马湖北受沂河来水，遇沂水暴涨，或黄河北决入湖，屡屡决溢。早在明崇祯五年（1632 年），直隶巡按赵振业即高呼："近日最可患者，莫如骆马一湖。"因于崇祯十四年疏浚沂河徐塘口和卢口支流，分沂水接济邳州以上运道，同时减少入骆马湖水量。

清初，由骆马湖行运。至清康熙十八年（1669 年），黄河北决，骆马湖淤塞。总河靳辅开皂河 40 里，于窑湾建减水坝，窑湾以上建万庄、马庄、猫儿洼减水坝 3 座，泄运河涨水入骆马湖。同时于骆马湖尾闾创建拦马河减水坝 6 座，因坝建桥，坝下挑引河，引水经沭阳、海州入海。后又利用淤废的硕项湖和桑墟湖南北挖河筑塘，称六塘河，用来排泄骆马湖洪水，东过盐河，至灌河口入海。

中运河开通后，骆马湖口有十字河，口门北通湖，南通黄，运河横贯其间。为调节黄河、骆马湖和中运河水量，清康熙二十九年（1690 年）于骆马湖口、通黄支河口、窑湾和郯城禹王台等处建竹络坝。其中，窑湾竹络坝用于泄运河涨水，由隅头湖入骆马湖。郯城禹王台位于沭水口，原用以截沭水入海，至明代毁弃，致沭水西流，会白马河、沂河等水入骆马湖，骆马湖泛滥益甚。至此，于禹王台旧基处建竹络石坝，障沭水西出，使其仍由故道东经蔷薇河，穿过盐河至临洪口入海，不再入骆马湖。

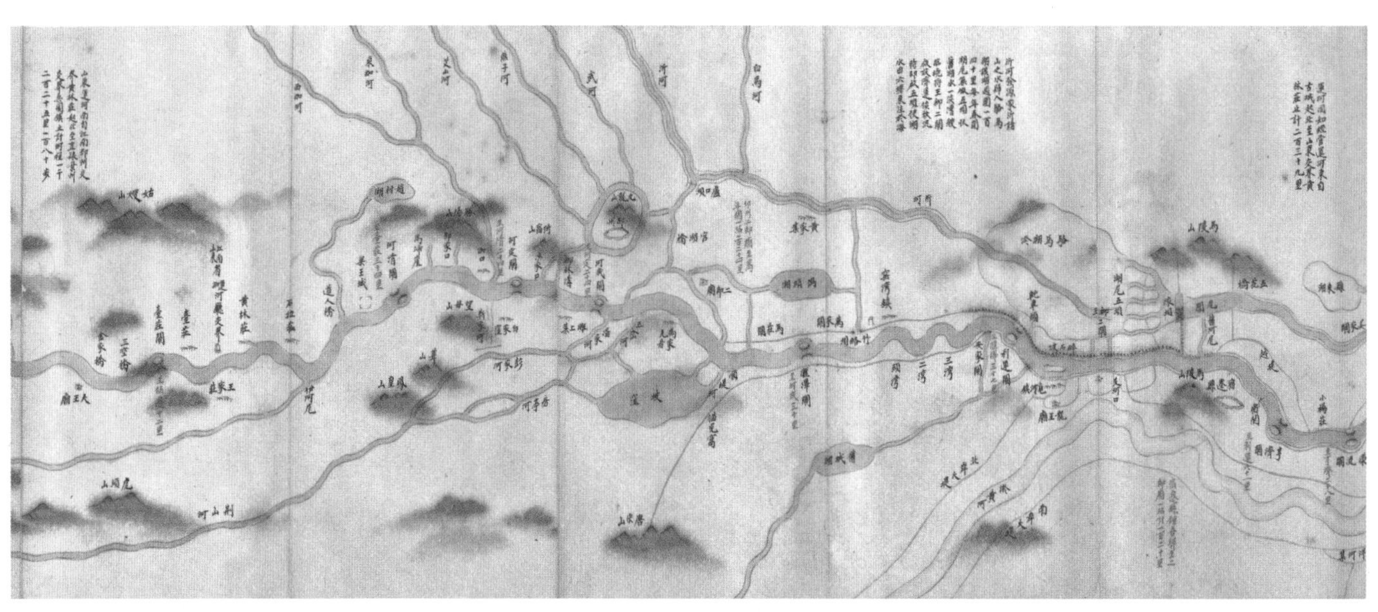

骆马湖示意图（引自清道光年间《京杭运河全图》）

清雍正五年（1727 年），总河齐苏勒于宿迁西宁桥以西筑三合土坝五座，两年后于坝下挑引河五道，是为骆马湖尾闾五坝，长 60 丈。又因黄河大溜北移，冲灌十字河，淤垫骆马湖，堵闭十字河通湖北口，于上游建王家沟五孔石闸，引骆马湖水济运。秋冬堵闭，收蓄湖水；重运入境，开放王家沟闸，引河济运；重运过境，开放尾闾五坝，腾空湖水，由六塘河入海。

清乾隆年间（1736—1795 年），中运河水源匮乏成为主要问题。时骆马湖因黄河大溜北移，淤垫日重，因堵闭十字河通湖北口，建王家沟五孔石闸；堵闭十字河临黄、临运二口，建柳园头三孔闸，引骆马湖水济运。此后，骆马湖和六塘河虽经多次修理，基本保持了这种形势，至今仍在中运河沿线发挥重要作用。

4. 南四湖

南四湖主要包括南阳湖、昭阳湖、微山湖、独山湖四湖，是会通河的主要调蓄水柜。

1128 年黄河南徙夺泗水故道，元代京杭运河全线贯通，徐州至淮安间泗水故道既是黄河河道，又是运河航道。泗水原流及邹滕诸山水入泗之路受阻，蓄滞于济宁、徐州间运河东岸洼地，形成一系列湖泊。至元末，在济宁南、鱼台、邹县之间形成南阳湖，周长76里。南阳湖以南，在沛、滕两县间洼地中形成昭阳湖，周长180里。昭阳湖南和张孤山北的现代微山湖范围内，出现了几个相通的小湖，即郗山湖、吕孟湖、张庄湖和韩庄湖（又名微山湖）。明嘉靖四十五年（1566年）开挖南阳新河后，运道移于南阳、昭阳湖东，致使邹、滕两县山水不得穿运入湖，滞蓄于新运河东岸独山脚下，形成独山湖。

明万历三十二年（1604年），开泇河，运道进一步东移，新运道自夏镇李家口东南至韩庄湖口，东出经良城、万庄、台儿庄等地，注入邳州直河口泗水故道，原在旧运道移动的郗山、吕孟、张庄、韩庄等湖改移新运河西，上承南阳、昭阳两湖蓄积各河来水的总汇，排水不畅，加之黄河泥沙的淤积，致使郗山、吕孟等湖完全连成一片，统名微山湖。明末，随着运道的东移，南阳、昭阳、独山、微山四湖逐渐形成，即所谓的“南四湖”。

明代，济宁以南的运河水柜以独山、昭阳二湖最为重要。开泇河后，以微山等湖蓄水，用来接济泇河运道。微山湖面积逐渐扩展，地位日见重要，且统名为微山湖。

清代，微山湖的重要性远在南北诸湖之上。微山湖周围180里，吸纳湖西各县坡水，由万福、柳林等水系入南阳湖，至微山湖；赵王河的南支流及牛头河等也可引南旺湖水及坡水入湖；湖水极少时，可引汶水入南旺湖，自牛头河入微山湖。湖水收蓄以湖口闸控制。冬季蓄水，春季放水接济泇、中两河。最初，蓄水尺寸定以闸口深一丈为

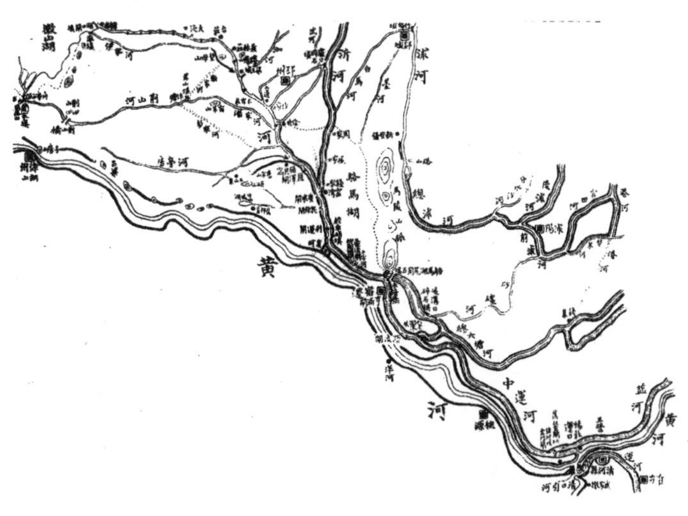

微山湖引黄济运形势示意图

微湖说泇（引自清麟庆《鸿雪姻缘图记》）

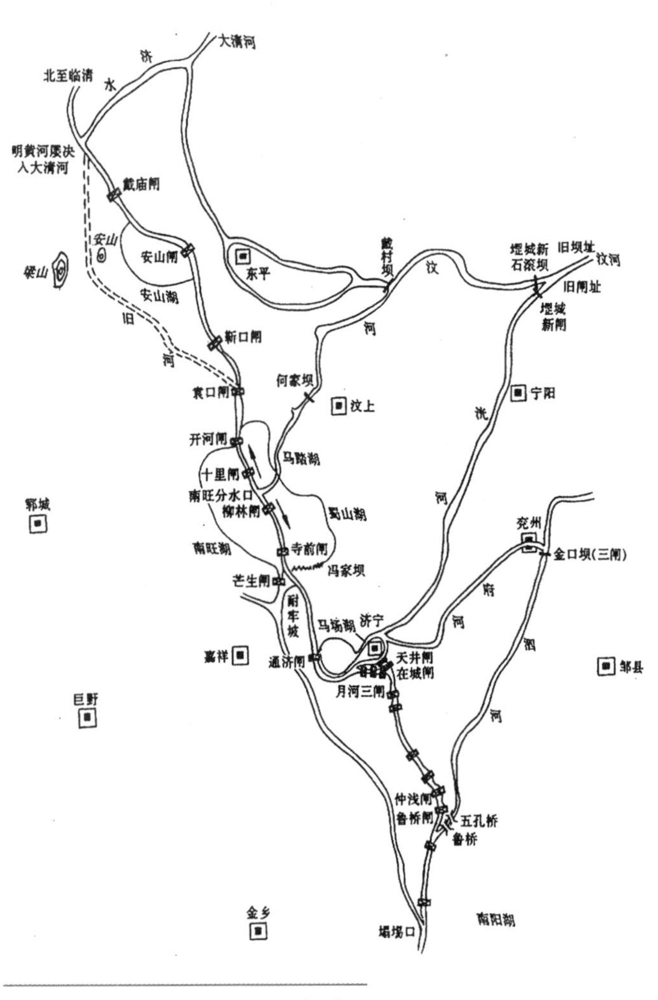

会通河分水枢纽及北五湖示意图

准，清乾隆五十二年（1787 年）改以一丈二尺为准，清嘉庆十九年（1814 年），定微山湖及山东各湖收水尺寸，必须每月上报，清咸丰六年（1856 年），因湖底淤高，定收水以湖口志桩一丈五尺为准。

清代经常引黄入微山湖济运。自康熙朝河道总督靳辅开始，在徐州以上引黄河涨水归湖。由湖出湖口闸，或由茶城经荆山桥至直河口北 60 里的猫儿窝，用于济运。至清乾隆中后期，骆马湖逐渐淤积，微山湖水又不足济运，因自徐州以西黄河北岸先后开潘家屯、苏家山水线河和茅家山等河，引黄河水入微山湖济运。

引黄入湖在满足济运以确保漕运畅通的同时，会导致湖泊和运道的淤积，因而始终是应急性措施，不得已偶尔为之。

5. 北五湖

北五湖主要包括南旺、马场、安山、马踏和蜀山等五个湖泊，是会通河的主要调蓄水柜。其中，南旺湖最重要。

元至元二十年（1283 年），济宁至安山的济州河开挖后，将南旺湖一分为二，运东称南旺东湖，运西称南旺西湖。四年后，开挖由安山至临清的会通河，南与济州河相接，引汶水北达临清，把济水截为两段，致使安山脚下古济水与汶水交汇处，因汶水洪水屯滞而成湖，称为安山湖。明永乐九年（1411 年），工部尚书宋礼重开会通河。在汶河上筑戴村坝，引汶水入小汶河，西南流至南旺分水济运。由于小汶河穿南旺东湖入运，又将南旺东湖一分为二，小汶河以北者称马踏湖，以南者称蜀山湖。蜀山湖容纳不了的汶水，经蜀山湖东的冯家坝滚入蜀山湖南、济宁西的沿运洼地，形成马场湖。明永乐十三年（1415 年），引泗水经府河汇洸河至夏家桥入马场湖，堵冯家坝，汶水不再滚入，马场湖成为洸、府两河的汇合处，蓄水济运。随着会通河的开挖和引汶、泗济运措施的实施，安山、南旺、马踏、蜀山和马场五湖相继形成，即所谓的“北五湖”。

明代虽对北五湖修治甚勤，但一方面由于淤浅，另一方面由于人为垦田，各湖面积都在不断缩小，甚至逐渐堙废。

北五湖中，以南旺湖最为重要。元代开始以南旺湖作为水柜蓄泄。明永乐九年（1411 年），宋礼重开会通河后，以汶、泗为水源，二水合流后由济宁分为二河，北入临清，南入徐州，时河流的深浅和舟楫的通塞主要依靠南旺湖的调蓄。总兵官陈瑄治河时建南旺湖长堤，开始实施运河与湖泊的隔离。此后经过数十年的经营，堤防已很完备。至明弘治年间（1488—1505 年），南旺湖周围 150 余里，中有二堤，运河在二堤中。西堤有斗门，上有桥为纤道，再外就是蓄水的水柜。当时南旺西湖称南旺湖，不再有东湖之名。

南旺西湖南端有芒生闸，闸外为牛头河，下通济宁城西的永通闸（耐牢坡闸）和鱼台的广运闸入南阳湖。明初曾由永通闸至广运闸行运，明中期则自芒生闸至广运闸和运河交替行运。水大时走牛头河，运河则成为排洪河道。明后期，牛头河废为排水沟。至清乾隆年间，芒生闸改为寒冬引水由牛头河至南阳湖济运，后渐废弃。

明嘉靖十三年（1524 年），修南旺西湖堤五十余里及减水闸 18 座，仅能蓄水不能济运，只好从芒生闸放水南出广运闸口接济鱼台以下运河。次年总理河道刘天和因南旺湖堤毁坏，筑南旺湖堤共 110 多里。当时由于泥沙淤积，安山、南旺等湖大半填淤，积水很少。尤其安山湖，由于面积缩小甚多，已不易恢复。

至明万历十六年，南旺、安山、蜀山、马场等湖由于天旱水涸，官吏开始招人佃种，收取租税，致使湖地几乎全为农田。

至明末清初，安山湖已废。南旺湖北部已被开垦为田。干旱季节，苦于湖水位较低，不能自流入河。明正德四年（1509 年）春夏，大旱，曾用水车车水入河。至嘉靖初年，设有水车 350 多辆。北五湖中，南旺湖一直维持到清后期。

五水济运图

南旺分水下闸：十里闸遗址

（四）引水济运工程

为解决水源问题，除充分利用天然河流与湖泊，设水柜调节外，京杭运河还常采用工程措施引水济运。

1. 引河济运工程——南旺分水枢纽

京杭运河沿线所经河流众多，常设置闸坝，开挖引渠，引水济运。其中，最重要的河段莫过于会通河。会通河所经的南旺是京杭运河地势上的制高点，水源问题非常突出，主要以汶、泗为水源。引汶入运枢纽有堽城坝和戴村坝，引泗入运有金口堰。通过这些引水济运工程，会通河实现了绝对高差达 50 米的穿越。

为增加会通河水源，元至元二十五年（1288 年），都漕运副使马之贞建堽城坝分汶入洸，至济宁分流南北。然而，济宁段运道向南地势低顺，向北则地高势逆，全靠建闸拦蓄，遇水浅则难以行运。

明永乐年间，工部尚书宋礼主持修治会通河，汶上老人白英建议在东平州东六十里处戴村建土坝，拦断汶水，使其至汶上县西南的南旺镇入运河，分流南北。南旺地势较济宁高三丈左右，宋礼遵照白英的建议将分水口改建于此后，会通河分水工程的格局基本奠定。然而，南旺分水完全取代济宁分水，经历了一个漫长的过程。

宋礼建南旺分水口时，只是将之作为辅助性设施，当时分水口只是一个河口，汶水从东而来，直冲运河西岸，再分流南北，分水比例则取决于当地河道及其边界情况。戴村坝虽经过培修长达5里多，但所开沙河渠道（今小汶河）上并无闸堰等控制，上游留一溢洪口，即坎河口，处于自

堽城坝

堽城坝进水闸

戴村坝

戴村坝近景局部

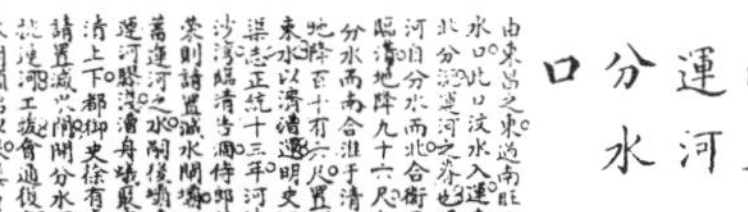

南旺分水口

南旺分水上闸：柳林闸遗址

金口闸堰

然状况。因而，当时仍以堽城枢纽及济宁天井闸分水为主。

70 年后，即明成化十七年（1481 年），管河右通政杨恭始建南旺南北闸，南闸称柳林闸，又称南旺上闸，在分水口南 5 里处；北闸称十里闸，又称南旺下闸，在口北 5 里处。通过对两闸的启闭，可以控制向南北的分水量。南北分水比例，当时有“七分朝天子，三分下江南”的说法，还有南四北六的说法。通过两闸的启闭，分水比例基本可人工操控。

引泗济运的枢纽为金口闸堰，在兖州城东 5 里的泗沂故道内。明初，元代滚水石坝已坍塌，改筑临时土坝，岁常维修。明成化七年（1471 年），都水主事张盛将泗水金口堰改建为石堰。3 年后，将堽城土坝改建为石坝，坝址向下游移动 8 里，建于青川驿。坝高一丈一尺，底宽二丈五尺，面宽一丈七尺，有七个泄水孔，为永久性石坝。引水入洸的分水闸在坝东 20 步，分两孔。闸南开新河 9 里，接洸河故道。时仍视此为主要引水枢纽，但戴村坝和南旺分水已逐渐受到重视。

堽城改建为石坝后 30 年，即明弘治十六年（1503 年），工部主事张文渊建议废除堽城闸坝，代之以南旺分水。次年，工部侍郎李鐩等人前往勘查，回奏认为可行，但可以保留堽城坝，用以拦阻水势和淤沙，如此既可保护戴村坝，又可减少入南旺湖的沙量。洸河下游合泗水处需加疏浚，其余已淤处不必挑挖。自此，南旺 - 戴村坝成为主要分水枢纽，堽城坝成为辅助设施，洸河则由济运变为以灌溉为主。

2. 引潮济运——复闸和澳闸

为改善京杭运河水源不足的状况，在有条件的河段通过建设闸堰引潮水济运，其中以宋代在里运河和江南运河所建复闸和澳闸成就最大。

修建复闸引潮济运始于北宋雍熙元年（984 年），淮南转运使乔维岳在今江苏淮安境内的西河上创建复式船闸，比欧洲同类船闸早约 400 年。宋初，里运河入淮段建有堰坝，船只过往，需卸货盘坝。乔维岳便在淮河南岸的龟山运河西河第二堰上修建斗门两个，二门“相逾五十步，覆以厦屋，设悬门蓄水，俟故沙湖平，乃泄之”。船闸由上下两道闸门和闸室组成，闸室长约 100 米，闸门是平板闸门，可以起闭，工作原理与今日船闸相同。自此，船只往来无滞。

北宋中期里运河和江南运河出现澳闸。所谓澳闸，就是在闸旁建蓄水池，开闸时把闸室放出的水储入水澳；运道缺水时，则将水澳中的水用水车车回闸室使用。北宋时期的澳闸中，以仪征仪真闸、镇江京口闸和嘉兴长安闸最为著名［详见本章（六）河运会交工程］。

3. 引泉济运

引泉济运办法主要用在水源问题十分突出的会通河和通惠河上。

通惠河是京杭运河最北段，也是开凿最晚的一段，开凿于元至元二十九年（1292 年）。通惠河所在地区没有天然河流，水源问题突出，因此以昌平、西山各泉水为源，设瓮山泊（即今昆明湖）为调蓄水库，下游则通过修建一系列节制闸加以控制。

通惠河自今昌平县东南的白浮村引神山泉水向西，至西山麓，顺山麓南行，再向东南转至翁山泊。这一段大体与现在的京密引水渠平行或部分重合。自翁山泊东南流入玉河，经和义门北入城，入积水潭。开积水潭为停泊港，

昆明湖青龙闸

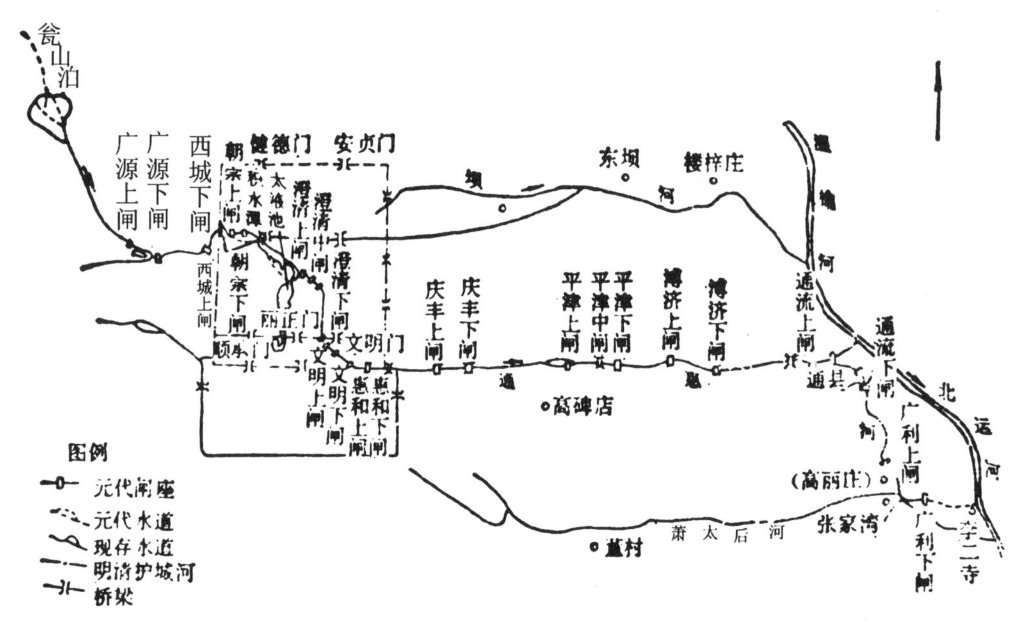

元代通惠河二十四闸位置示意图（引自姚汉源《京杭运河史》）

自潭引水东流，折而南沿皇城东侧南流，自丽正门东（今天安门稍南）出城，东南流至今东便门外，直向东流，穿通州城，至城南十六七里的高丽庄（在张家湾西）会白河，长164里。

通惠河自大都和义门西七里广源闸起开始设置节制闸，共设闸11处，每处置闸二三座，共闸24座。二闸相距多在一二里以上，初建时闸门都是木闸，后改为石闸。元泰定四年（1327年），全部完工。此次开河置闸，用工285万人。通惠河建成后，漕船可直航至积水潭。京杭运河全线开通。

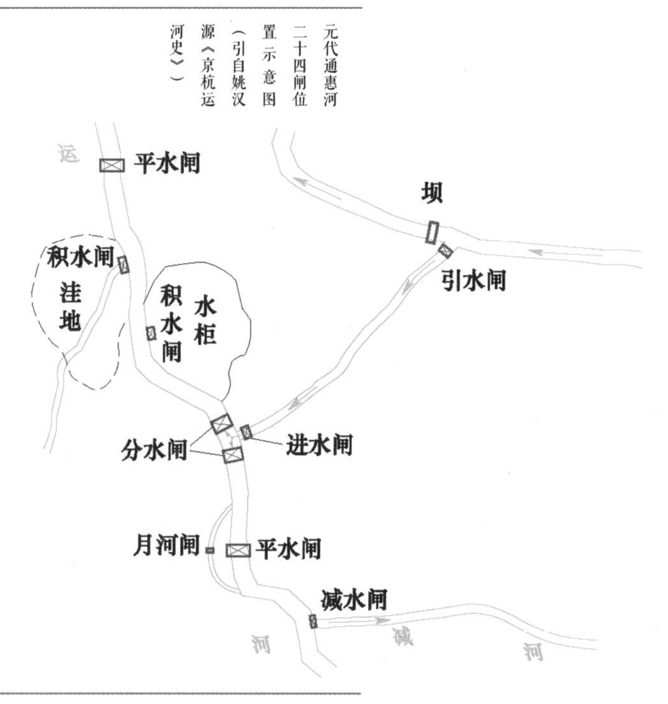

会通河上不同类型的闸（李云鹏绘）

会通河也没有可直接利用的大江大河，为解决水源问题，曾多次引黄济运，但引黄的结果常常导致运道淤塞不通，利不胜弊。为此，设法开采泰山、沂蒙山脉西麓的泉水，以增加水源。明代重开会通河后，为保证会通河航深，十分重视泉源的开发，并于明正统六年（1441年）设专官疏浚管理。各泉由汶泗等大小河流汇积西流济运，运河水大时，则利用沿运各水柜停蓄，以备缺水时济运。为此，山东段运河西岸设有许多积水闸，控制入运泉水及坡水。

（五）渠化运道节水

京杭运河沿程地形三起三落，高差变化大，且无固定水源。受降雨、来流等影响，水量时多时少，影响漕运的畅通。为此，采取渠化运道的措施，即根据地形的变化，沿线设立距离不等的闸坝堰埭，控制运河水位，减少水量损失。

早在三国时吴国就曾在南京破岗渎建立 14 座堰埭，把渠道分为梯级，以蓄水平水，这是修建此类渠化工程的最早记载。唐代曾在运道过江、穿淮的运口处设立堰埭，如京口堰、瓜洲堰、五神堰等，有效地防止了运道水量的减泄。宋代开始以闸代堰，出现大量的复闸、澳闸等。这些闸既利于通船，又能防止水量减泄。元明清时期在运道引水口地形变化处设立分水闸，如会通河上的济宁分水三闸和南旺分水二闸，以有效合理地对运河水量进行分配。在运道低洼河段两侧堤防上则设立积水闸、进水闸、平水闸、减水

四女寺
南
运
河
德州市区
第三店
N

南运河的连续弯道（万金红绘）

北运河弯道（引自清弘日午都运河图）

闸和减水坝，当运河水量过剩时，由闸坝减泄入湖调蓄，或分泄下游河道入江入海，以保证运道安全。

通惠河河道比降较大，全靠设立闸坝平水和节水。元代在通惠河上置闸 11 处，每处设闸两三座，共计 24 闸。历经元明清几百年的应用和修治，多有兴废，变化很大。

北运河河道宽浅，含沙量高，洪枯水量差异大；南运河即卫河，也存在洪枯水量差异大的问题。这两段运道都不适宜建控制闸，因通过保留弯道，降低河道纵比降，减缓河流流速，不建一闸而实现航道水力特性的调整，同时满足干流行洪的需要，并有效地提高了通航质量。为在汛期分洪，明清时期在北运河和南运河上开挖减河多处。

会通河中经京杭运河制高点南旺，地形变化悬殊。虽有汶、泗等水济运，有北五湖、南四湖等湖泊调蓄，但经常面临水源匮乏的问题。因此在沿途建节制闸来平水和节水。元代建闸 31 座，明代数量呈上升趋势。这些闸平时关闭蓄水，过船时则成为通航建筑物。明清时期会通河上建有 50 多座进水闸、减水闸和平水闸，20 多座挡水泄洪坝，会通河因有“闸河”之称。

会通河上的节制闸

序号	位置	闸名	距上闸（公里）	始建年代	
				元代	明代
1	山东临清	会通闸		至元三十年（1293 年）	
2		临清闸	0.50	元贞二年（1296 年）	
3		板闸	1.50		永乐十五年（1417 年）
4		砖闸（新开上闸）	0.75		永乐十五年（1417 年）
5	山东清平	戴湾闸	15.00		成化元年（1465 年）
6	山东堂邑	土桥闸	24.00		成化七年（1471 年）
7		梁乡闸	25.00		宣德四年（1429 年）
8	山东聊城县	通济桥闸	17.50		永乐十六年（1418 年）
9		李海务闸	10.00	元贞二年（1296 年）	
10		周家店闸	6.00	大德四年（1300 年）	

会通河上的节制闸（续表）

序号	位置	闸名	距上闸（公里）	始建年代	
				元代	明代
11	山东阳谷县	七级下闸	12.00	大德元年（1297 年）	
12		七级上闸	1.50	元贞元年（1295 年）	
13		阿城下闸	6.00	大德三年（1299 年）	
14		阿城上闸	1.50	大德二年（1298 年）	
15		荆门下闸	5.00	大德三年（1299 年）	
16		荆门上闸	1.50	大德六年（1302 年）	
17	山东东平县	戴家庙闸	31.50		嘉靖十六年（1537 年）
18		安山闸	15.00	至元二十六年（1289 年）	
19		靳家口闸	15.00		嘉靖四年（1525 年）
20	山东汶上县	袁家口闸	9.00		正德间（1506—1521 年）
21		开河闸	70.00	至元年间（1335—1340 年）	
22		南旺北闸（十里闸）	距分水口南北各 7.50		成化间（1465—1487 年）
23		南旺南闸（柳林闸）			成化间（1465—1487 年）
24		寺前闸	7.50		正德元年（1506 年）
25	山东济宁州	分水闸（上闸）	55.50	大德五年（1301 年）	
26		天井闸（中闸）	1.50	至元二十一年（1284 年）时称会源闸	
27		在城闸（下闸）	1.00	至元二十一年（1284 年）	
28		赵村闸	3.00	泰定四年（1327 年）	
29		石佛闸	3.50	延祐六年（1319 年）	
30		新店闸	9.00	大德元年（1297 年）	
31		新闸	4.00	至正元年（1341 年）	
32		仲家浅闸	2.50		宣德五年（1430 年）
33		师家庄闸	3.00	大德二年（1248 年）	
34		鲁桥闸	2.50		永乐十三年（1415 年）
35		枣林闸	3.00	延祐五年（1318 年）	

会通河上的节制闸（续表）

序号	位置	闸名	距上闸（公里）	始建年代	
				元代	明代
36	山东鱼台县	南阳闸	6.00	至顺二年（1331 年）	
37		八里湾闸	4.00		宣德八年（1433 年）
38		孟阳泊闸	9.00	大德八年（1303 年）	
39	江苏沛县	湖陵城闸	4.00		宣德四年（1429 年）
40		沽头上闸（隘船闸）	35.00	延祐二年（1315 年）	
41		沽头中闸	3.50		成化二十年（1484 年）
42		沽头下闸	4.00		成化二十年（1484 年）
43		谢沟闸	5.00		宣德八年（1433 年）
44	江苏徐州	新兴闸	9.00		宣德八年（1433 年）
45		黄家闸	8.00		天顺二年（1458 年）

中运河上则建有河定、河成、利运、亨济、汇泽、潆流等 7 座节制闸，用以调节水量。另有一些进水闸和减水坝，用以济运和分洪。

里运河西为高邮、宝应诸湖，东临地势低洼的里下河地区。自 1128 年黄河南徙夺淮后，黄河、淮河涨水，常危及运道安全。为此，多建闸坝，以溢洪、平水和节流。清代在运河东堤上建滚水坝 8 座，后改为 5 座，为归海五坝。在扬州建流水坝多座，为运河入江水道，称归江十坝。

江南运河北段地势变化较大，在常州和奔牛之间建有奔牛、吕城、京口三闸，为著名的常镇三闸。

（六）河运交会工程

中国地形特点是西高东低，长江、淮河、黄河和海河等大江大河都是自西向东流入大海，而京杭运河则是南北走向。京杭运河必然与长江、淮河、黄河、海河等水系相交，于是出现了四处重要的河运会交工程。河运会交工程往往成为京杭运河沿线工程密集、管理严格的所在，也是最能展现京杭运河沿线规划设计和工程技术成就的地区。

1. 临清

临清是会通河与卫河交会处。

会通河自东南而来，北折通卫河，转折处建有鳌头矶。元代，在鳌头矶西北建会通和临清二闸。然而，由于会通河地势较高，坡陡水少，与卫河相接处仍不通畅。

明永乐九年（1411 年），重开会通河，明清两代在闸卫交汇处增筑临时草土坝，控制闸水下泄。

由于会通河地势高于卫河，防止会通河水急流入卫，以致干涸；防止会通河出口处过于险峻，以致损坏船只是问题的关键；防止汛期汶水倒灌会通河，是临清河运交会工程的主要任务。

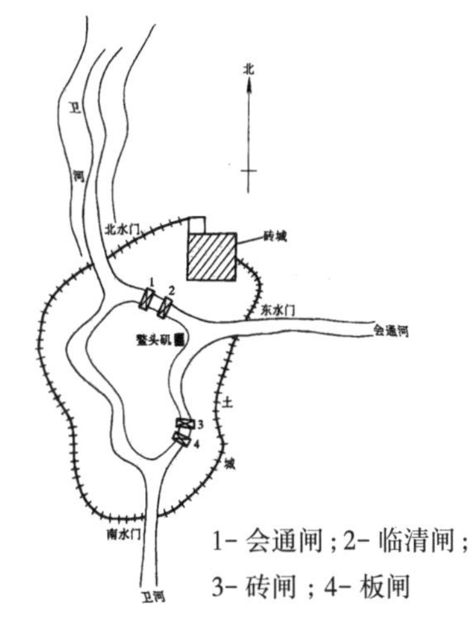

临清运道示意图

2. 徐邳运口

明代前期，山东运河与黄河在徐州茶城相交。然漕运时正值黄河水落之际，运道与黄河高差较大，难以平顺衔接，且常患出浅，因于黄运交汇处建境山闸，即黄河运口。通过该闸，既可蓄水，又可冲淤，且船只由黄河直入运河，无需盘坝，航运条件得以改善。

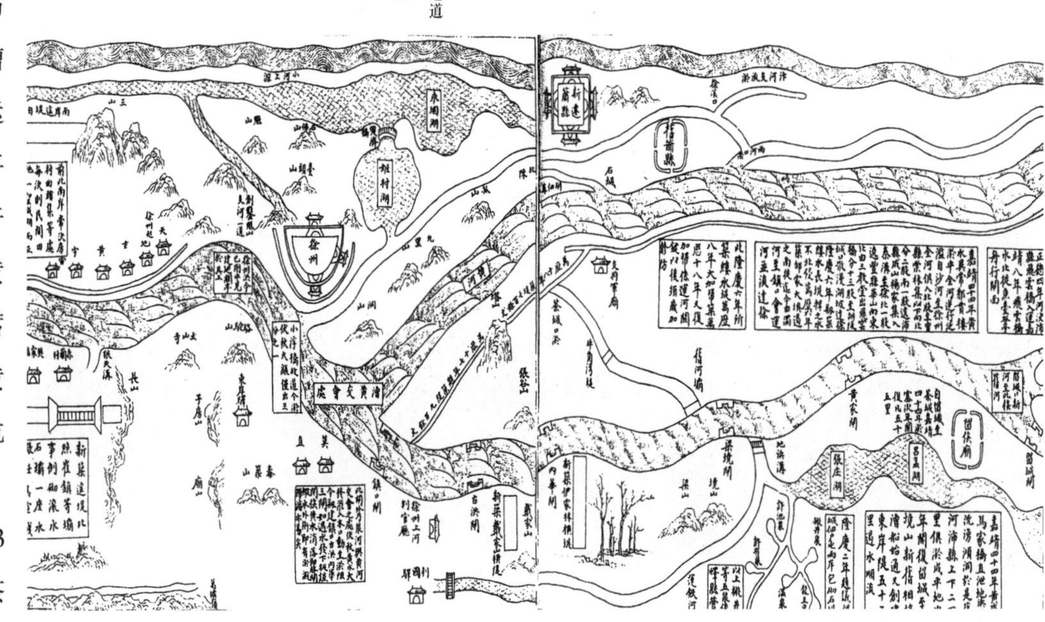

明万历年间黄河运口示意图（明潘季驯《河防一览》）

明万历十一年（1583 年），漕运尚书凌云翼因茶城一带仍常淤阻，又开羊山新河，改由古洪出口，历羊山、内华山、梁山，接境山。同时建闸，境山废闸曰梁境闸，新河中闸曰内华闸，新河

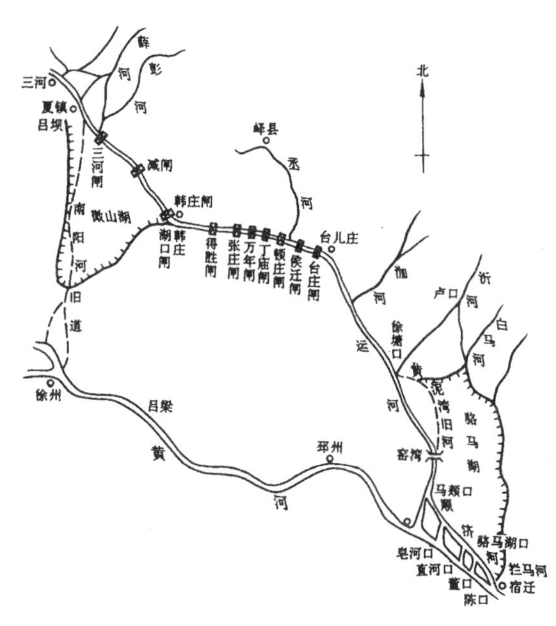

徐邳运口位置变化示意图

口闸曰古洪闸。并于梁境闸设闸官一员，内华、古洪二闸共设闸官一员。运口改移古洪闸附近。

3年后，黄河大水，“河与闸平”，淤塞严重，难以挑浚。明万历十六年（1589年），工科都给事中常居敬于镇口建闸，离黄河仅8丈。运口改移镇口闸。镇口闸与前所建古洪、内华二闸联合调度，遇黄河水涨，下板；黄水消落，启闸。启一闭二，运道淤积问题减轻。

明万历三十一年（1603年），开夏镇新河，通泇水，经台庄出邳州直河口入黄河，徐州镇口闸专用以回空。

清初，漕船由宿迁董口溯泇。清康熙时期，董口复淤，运道改由骆马湖，上溯窑湾，接泇行运。康熙十九年（1680年），开皂河，运口移至董口以西的皂河口。次年，皂河口淤，运口改移以东的张家庄，称张庄运口，并于运口建竹络坝。

清江闸（谭徐明摄）

3. 淮安清口工程

清口以泗水入淮之口得名。南宋建炎二年（1128 年）黄河南徙夺泗入淮，黄、淮二水交会于清口（今江苏淮安码头镇）一带，黄强淮弱，清口便成为淮河的入黄之口。元代京杭运河全线贯通后，清口成为纵贯南北的里运河段与自西而东的黄河、淮河交汇处，也是漕船穿黄过淮的关键所在。明代洪泽湖形成后，承纳淮河上中游洪水，清口又成为淮水出湖入黄之口。可以说，明清时期，中运河、里运河、黄河和淮河交汇于清口上下数里间，“由是治河、导淮、济运三策，群萃于淮安清口一隅”。水系分布本已复杂，加之黄河泥沙淤积的影响，以及明清确保漕运畅通的治河目标，使得清口一带的治理极为困难。为解决黄河泥沙淤积问题，采取“蓄清刷黄”的方略，通过修建高家堰（今洪泽湖大堤）将淮水蓄积于洪泽湖中，通过修建湖口引河引淮水出清口冲刷黄河泥沙。为确保漕运畅通，既要解决漕船平稳穿过湍急黄流的问题，又要避免黄河泥沙淤积运口、倒灌入运。办法就是使南北运口（南运口即里运河出入黄淮的口门，因在黄河、淮河以南而称南运口；北运口即中运河出入黄淮的口门，因在黄河、淮河以北而称北运口）尽量接近，漕船少走黄河。同时采取“避黄引淮”方略，一方面通过修建御黄坝、挑水坝等建筑物使运口尽量远离黄水，以免倒灌入湖入运；另一方面引淮河清水入里运河接济。据此，自明万历六年（1578 年）开始在此持续兴建各种水工建筑物，最终形成京杭运河沿线最为复杂的水利工程体系——清口枢纽工程。

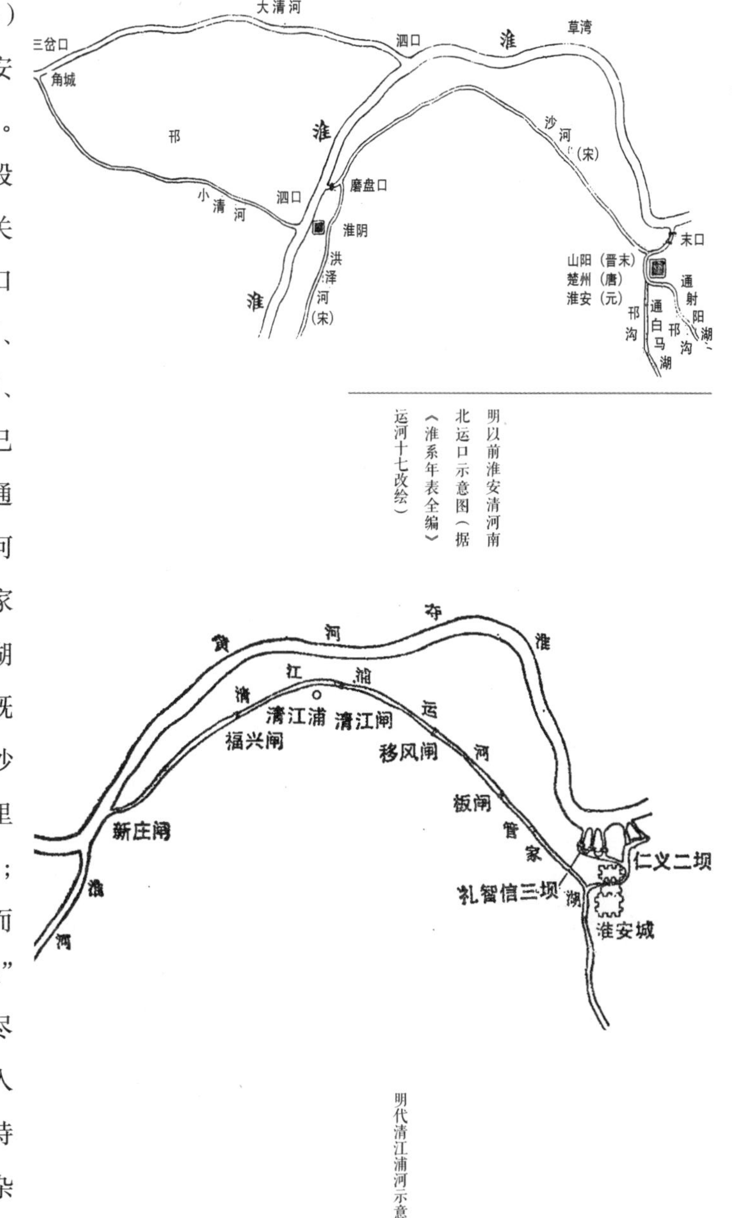

明以前淮安清河南北运口示意图（据《淮系年表全编》运河十七改绘）

明代清江浦河示意图

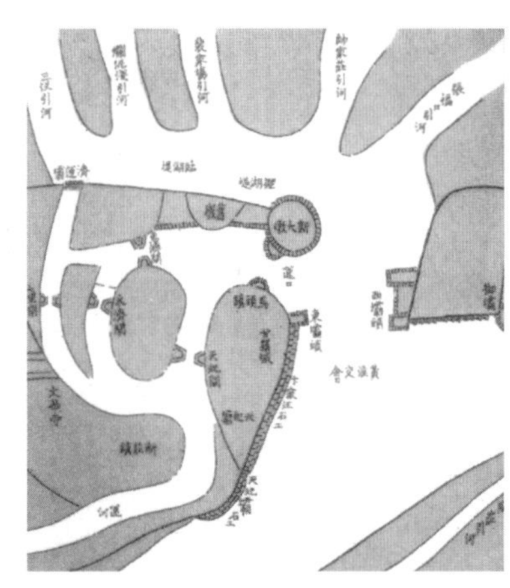

清康熙年间靳辅治河时洪泽湖口五引河（引自李孝聪《淮安运河图考》）

清口水利枢纽主要由如下水工建筑物构成：

（1）拦河坝——洪泽湖大堤

洪泽湖大堤位于淮河右岸洪泽湖东部，北至武家墩，南至蒋坝，全长 67 多公里。主要用来拦蓄淮河，抬高淮河水位出清口冲刷黄河泥沙，是“蓄清刷黄”的关键工程。清康熙年间洪泽湖形成后，承纳淮河巨流。为防止汛期淮河洪水危及湖堤安全，于其上逐渐建成“仁义礼智信”滚水坝五座，各宽六十丈或七十丈不等，共宽 640 米。平时不开放，用于蓄水刷黄和济运。汛期洪泽湖水涨，清口宣泄不及，开坝东泄（详见本书第一章第一节洪泽湖大堤）。

（2）逼黄引淮工程——洪泽湖口引河

洪泽湖口引河就是在洪泽湖出口处开挖引河，引湖水外出，以增强其对黄河泥沙的冲刷，并引淮济运。口门宽度一般在 96 ~ 320 米之间。康熙十六年（1677 年），河道总督靳辅在洪泽湖口内开引河四道，引湖水外出。四引河自西而东依次是张福口、帅家庄、裴家场、烂泥浅。后又于烂泥浅以东开挑三岔引河。五道引河合流，引淮水会注清口。其中，三分入运，七分刷黄。张鹏翮任总河时将湖口引河由四道增至七道，宽 100 丈。其中张家庄引河不仅引淮水外出，且与烂泥浅会于三岔，从七里河经文华寺济运。又新增天然、天赐二引河。

道光二十九年（1849 年），随着洪泽湖的淤高，裴家场、张庄、天然三引河淤，只存太平、张福两引河。然张福引河已非旧日形势，太平引河不久亦淤。目前，清口引河唯存张福引河一道。

（3）避黄引淮工程——束清御黄坝

束清御黄坝位于洪泽湖口，口门宽度一般在 60 ~ 280 米之间。束清坝在御黄坝南，主要通过人工调节口门宽度进而调控洪泽湖水位以冲刷黄沙；御黄坝主要用来抵御黄河泥沙倒灌入湖。

清口东西束水坝由总河董安国创建于康熙三十七年（1698 年），中留口门 20 余丈。

西坝用来御黄，只需慎守；东坝蓄清，湖水涨发，相机拆展；湖水跌落，相机收束。自此，通过调节束水坝口门的宽度来调节洪泽湖的水位以冲刷黄沙。

乾隆中后期，随着黄河下游河道和清口一带的日渐淤高，清口东西坝的位置几经改移，后又分设束清、御黄坝。束清坝在御黄坝南，靠近洪泽湖口，用于调节洪泽湖水位冲刷泥沙；御黄坝逼近黄河，用于防御黄水倒灌。

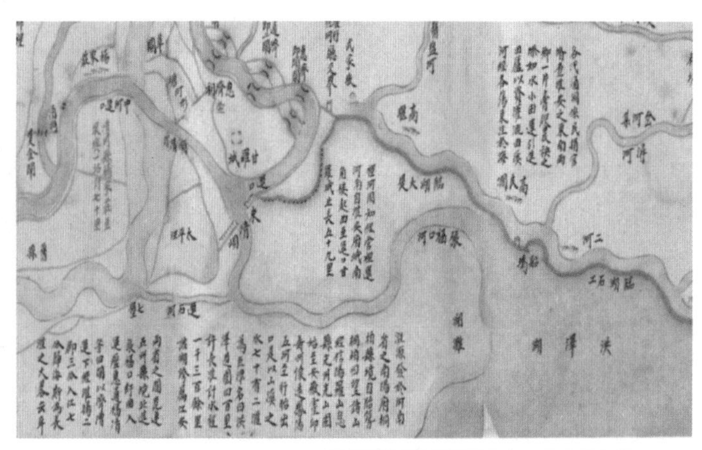

清道光年间洪泽湖口张福引河（亲自道光朝《运河全图》）

（4）通航设施——南运口工程

南运口是明清时期漕船由里运河出入黄河和淮河的咽喉，通过惠济、通济和福兴正越三组六闸的建置，使运河水位得以调节，航运条件得以改善。

南运口始于公元前486年吴王夫差开邗沟。邗沟在末口（今淮安东北）入淮河，经淮河至泗州与汴河相接。末口是清口一带最早出现的设施，也是最早的南运口。至宋代，里运河仍维持这一路线，这就带来两个问题：①里运河入淮口附近的山阳湾水流迅疾，行船不便；②泗州至淮安段淮河运道风大浪急，每年损失的漕船多达百艘。为此，宋代先后在淮河南侧开沙河、洪泽河和龟山运河，避开淮河行运，南运口随之迁移至洪泽镇。

明永乐十三年（1415年），漕运总兵陈瑄开清江浦，浦上建新庄、福兴、清江和移风四闸。其中，新庄闸最北，为南运口，又称头闸或大闸，东南据淮安城50里。次年，于城西建板闸。五闸迭为启闭，启一闸则其余四闸俱闭。汛期闭闸，并于闸口筑软坝御黄，所有船只俱盘坝。

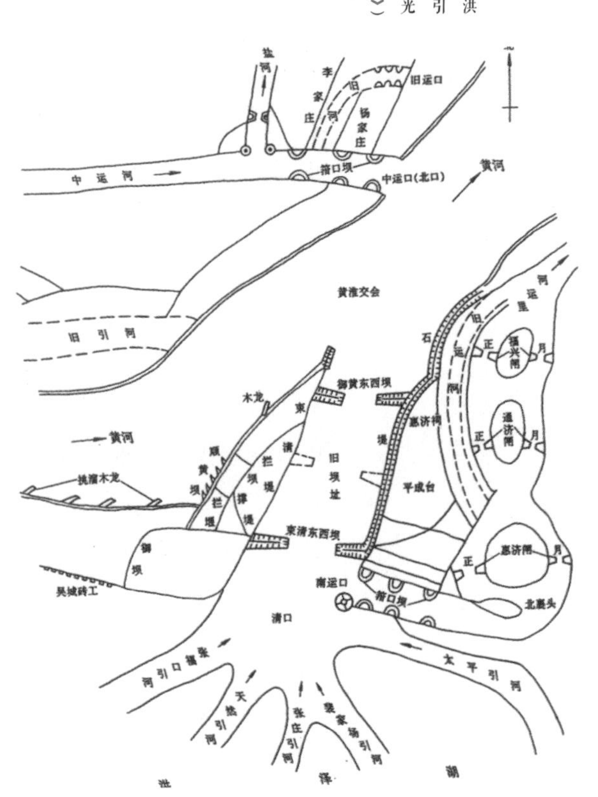

乾隆五十年清口一带形势图

清江闸（谭徐明摄）

清江闸下游（引自1925年《江苏水利协会杂志》）

明万历六年（1578年），针对永乐年间所开新庄运口逼近黄河，难免内灌；嘉靖年间所开三里沟运口虽远离黄河，但运口落差太大，且黄淮交汇处淤浅，于两运口之间即码头镇北部甘罗城南开新运口。

至清初，随着清口淤积的日益严重，潘季驯所建运口已逼近黄淮交汇处，靳辅将运口由甘罗城南移至七里闸（后名惠济闸），与烂泥浅引河相接。具体措施就是，自文华寺淤高之永济河头起挑河七里，至七里闸，以七里闸为运口；折而西南，挑河七八里，至武家墩；再折而西北，挑河三里许，达烂泥浅引河上游。漕船北上，由文华寺出七里闸，绕武家墩，入烂泥浅引河上游，下达清口，转入黄河。如此，运口与黄淮交汇处相隔10余里，且河身弯曲，可防止或减轻黄水倒灌。后来又自新庄闸向西南挑河一道，至太平坝，亦达烂泥浅引河。两河共用一个运口，互为月河。烂泥浅引河之水，2/10用来济运，8/10用来刷黄。康熙三十四年（1675年），于明万历通济闸旧址建永济闸，六年后，改永济闸为惠济越闸。雍正十年（1732年），移惠济闸至七里沟。自后，惠济闸址再未改变。

清乾隆年间，自惠济闸下开新河一道，长一千余丈，与三汊引河相接，以避黄引清。移运口于旧运口南75丈处，南北两岸各筑钳口草坝三座，称头二三坝（道光年间，增添四坝），用来抵御淮河洪水对惠济闸的冲击。于运口处建通济、福兴正越四闸，正闸在西，越闸在东。如此，惠济、通济、福兴正越闸六座，形成三组通航闸串联格局，状如葫芦，当地人因称该段运河为葫芦河。自此，南运口工程体系基本形成，历200年而不变。

（5）通航工程——北运口

北运口与南运口相对，是中运河与黄河交汇处，因在黄河以北，又称北运口。

清康熙二十五年（1686年），河道总督靳辅开挖中运河，上接皂河，下至淮安清河县仲庄入黄河，穿黄河与里运河相接。同时于仲庄建闸，仲庄闸即为北运口。至河道总督张鹏翮治河时，因仲庄闸出口处黄溜南行，倒灌南运口，且南北运口距离较远，漕船穿黄困难，将北运口改移杨家庄，是为杨庄运口。自此，南来漕船出清口后，顺流行七里，即可入杨庄运口经中运河北上。

北运口一度移至李家庄。清乾隆四十三年（1778年），开陶庄引河后，避黄溜北趋，杨庄运口适当回溜处，易长淤滩，因将运口移至下游的李家庄。后黄河决仪封，全黄入淮至洪泽湖，杨庄口门被刷通，李家庄运口并未使用，留以宣泄中运河涨水。四十六年（1783年），黄河决青龙冈，漫入中运河，开李家庄运口宣泄。两年后，黄河复归故道，李家庄口外黄河增高，恐倒灌中运河，遂加堵闭。

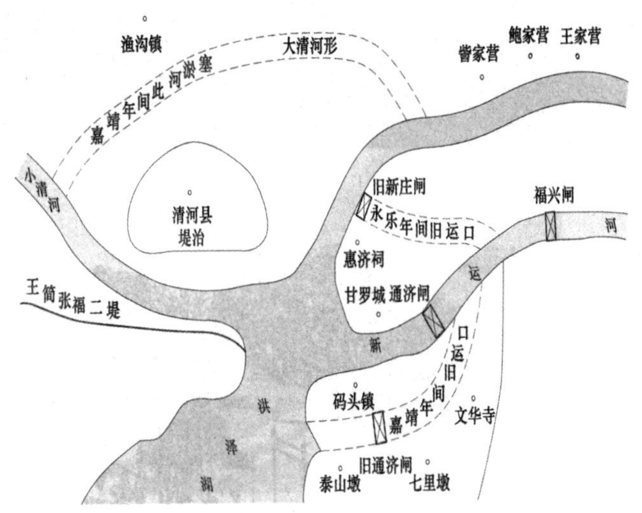

明万历六年运口形势示意图（据《清河县志》图说改绘）

康熙年间运口示意图

南运口三闸（引自《乾隆南巡图记》）

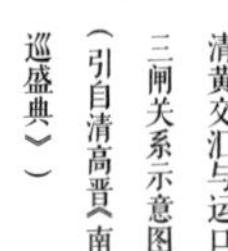

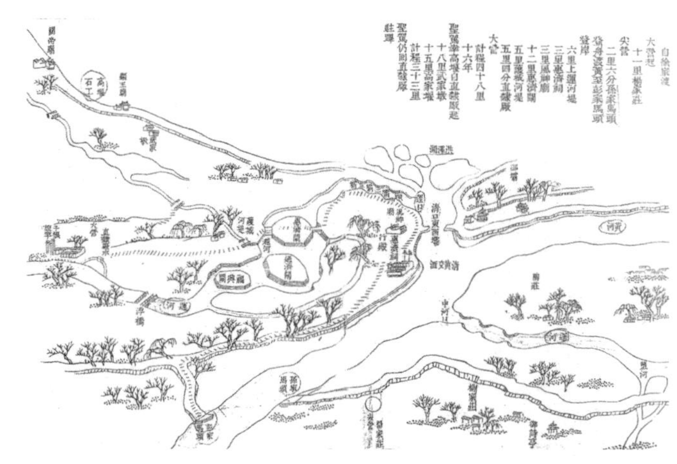

清黄交汇与运口三闸关系示意图（引自清高晋《南巡盛典》）

惠济闸（1925年，《江苏水利协会杂志》）

（6）倒塘灌运

嘉庆、道光后，随着黄河下游河道和清口一带的日益淤积，清口水利枢纽日趋衰败，漕运艰难。

清道光四年（1824年）十二月，洪泽湖大堤漫决坍塌一万一千余丈，水势旁泄南趋，湖中所存无几。两年后，不得已试行“倒塘灌运”之法，又称“灌塘济运”。于临清堰以南建拦清土堰，将御黄坝外的钳口坝改成草闸，再于闸外两边建直堰，中筑拦堰，曰临黄堰。于是在临清堰和临黄堰之间形成一个可容船千只的塘河，用水车车水入塘，水高于黄水一尺即启闸放船入黄。“倒塘灌运”的实施宣告了“蓄清刷黄”方略的失败。

清道光七年（1827 年），改戽水为开临黄堰闸，引黄入塘。操作程序：黄高于清时，堵临黄草闸及闸外拦黄土堰，开运口内的临清堰，挽南来重船入塘；再堵临清堰，开临黄堰及草闸，放黄水入塘，然后放船出闸渡黄。北来船只反之而行。倒塘灌运“原理与现代船闸相同，以内塘为闸室，以临时坝为闸门”。一次灌放约需要 8 ～ 10 日。道光十年，因为塘河内船只太多，又增开一河，名替河，与正河轮流灌放。

在接下来的近 30 年内，灌塘济运法几乎年年使用。咸丰元年（1851 年），开启礼河坝，冲损未修，遂为通口，即三河口，淮河成为长江的支流。咸丰五年（1855 年），河决河南铜瓦厢，东北由大清河入海，黄河夺淮 700 多年的历史宣告结束，里运河可直通中运河，已无渡黄问题，塘河遂废，清口衰败。

4. 扬州与镇江

扬州和镇江分别位于长江北岸河南岸，是里运河和江南运河与长江的交汇处。由于长江南北两岸地势均高于长江，防止里运河和江南运河水量下泄走失，接纳江潮补充水源，保障运道通畅，是解决这两段运河过江技术的关键。江北运口主要有三个：瓜洲、仪征和白塔河；江南运口主要为京口闸。

（1）仪征运口

仪征运口是湖广、江西及长江上游地区漕船及两淮盐船的必经之道。

仪征运口建于东晋永和年间（345—356 年）。这一年，江都水断，于扬州以西的仪征建欧阳埭，引长江水入埭济运，同时防止邗沟水下泄入江。欧阳埭所在接近后来的仪征运口。

北宋天圣四年（1026 年），改江口堰为双重木闸。两年后，改木闸为三座石闸，即清江闸、潮闸和腰闸。

明洪武四年（1371 年），在宋代所建旧闸原址处筑坝，漕船自此上下车盘。时仪征有里、外两条运河，皆通江。洪武十六年（1383 年）于外河筑五坝，一、二两坝专过官船及官运竹木诸物，其余三坝专过粮船和民船。成化十年（1474 年），于里河建里河口、响水、通济、罗泗桥四闸。潮满时开闸放船，潮退则闭。成化二十一年（1485年），因四闸启闭制度废弛，致使运河水浅，船只仍由五坝车盘。成化二十三年（1487年），将东关浮桥改为东关闸。不久，通江港塞，闸亦废。弘治元年（1488年），议定四闸、五坝并用，夏秋江涨，启闸纳潮，通行舟船；冬春潦尽，则闭闸潴水，船舶由坝车盘。

弘治十二年（1499年），为引潮济运，建拦潮闸。拦潮闸距江200丈远，与罗泗、通济、东关合为四闸。后因运道水量走泄，闸复不用。此后，各闸多次废修。至万历年间，因新洲阻遏，漕船改行瓜洲。

清顺治年间，仪征运口淤，仅通盐船，漕船仍走瓜洲。康熙三十年（1691年），修仪征响水、通济、罗泗、拦潮四闸。乾隆四十年（1775年）后，仪征运河逐渐浅涩，漕船均由瓜洲进口，此河仅为淮南盐船经由之道。同治年间，盐运改由瓜洲，达六濠口盐栈。不久，盐栈移至仪征十二圩，开仪河通江口门。

1972年，在仪征运口建大型船闸，具有引江灌溉、泄洪、航运等综合功能，至今仍是运河通江的重要口门。

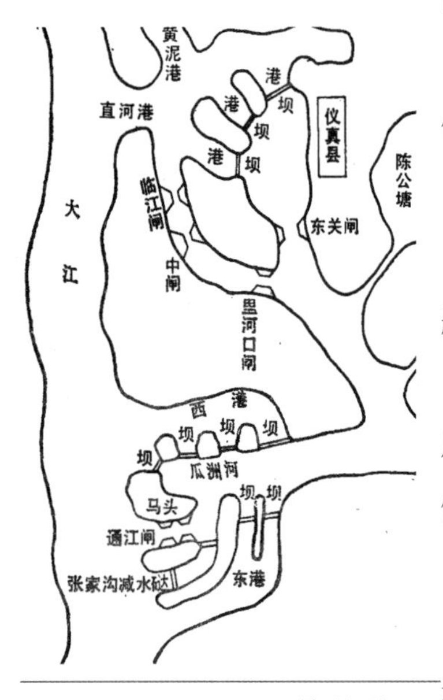

明代弘治年间瓜洲、仪征运口示意图（引自《漕河图志》）

（2）瓜洲运口

瓜洲运口与长江南岸的京口隔江相望，建于唐开元二十六年（738年），是两浙漕船过江的主要通道。

瓜洲原为江中一沙渚，渐长成洲，至唐代与陆地相连。南来船只自镇江京口过江后须绕行瓜洲西端，迂回60余里。由此，润州刺史齐澣在瓜洲上开伊娄河，长25里，伊娄河上建伊娄埭。如此，南来船只自京口入江至瓜洲，行伊娄河至扬州入里运河。自此，里运河拥有两个入江口：瓜州和仪征。

齐澣所建伊娄埭即瓜洲运口，立二斗门船闸。潮水顶托时，开斗门引船入埭；潮退时，关闭斗门以防水走泄；一般水位时，开斗门通船。这是我国有据可考的最早的二斗门船闸。唐代，过瓜洲埭须缴税，每年税收上百亿。北宋时，瓜洲埭过船时拉辘轳的牛多达22头。

运河至瓜洲分为三支，形如“瓜”字：中间一支以堤坝隔开，不通江；东面一支称东港，西支称西港，皆通江。瓜洲通江运河有两支：东港和西港。明洪武三年（1370 年），在东港置 8 坝，西港置 7 坝。

瓜洲古渡今景

瓜洲江口所建原为土坝，南来漕船至此须盘坝。为免盘坝之苦，明隆庆六年（1572 年），自时家洲至花园港开渠一道，长六里，同时建瓜洲通江二闸，上闸为广惠闸，下闸为通惠闸。每年仅开 3 个月，运船过完即堵塞，仍车盘过坝。

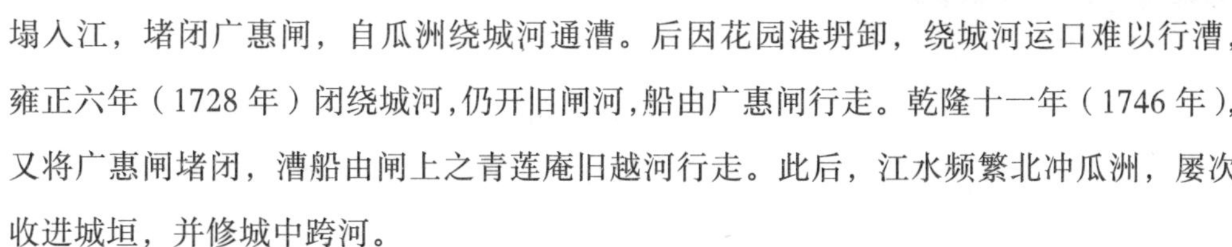

清康熙五十四年（1715 年），江流北徙，通惠闸坍塌入江，堵闭广惠闸，自瓜洲绕城河通漕。后因花园港坍卸，绕城河运口难以行漕，雍正六年（1728 年）闭绕城河，仍开旧闸河，船由广惠闸行走。乾隆十一年（1746 年），又将广惠闸堵闭，漕船由闸上之青莲庵旧越河行走。此后，江水频繁北冲瓜洲，屡次收进城垣，并修城中跨河。

清道光二十三年（1843 年），瓜洲城南门塌陷，民居河道悉沦入江。自此，瓜洲运河废止二十余年，漕运由海，盐运由仪河。咸丰中，一度以沙头口和芒稻河为南北经由之路。同治四年（1865 年），因仪河淤塞不通，于瓜洲城东北开新河通盐运。自陈家湾起，经北水关绕至东门桥东，达六濠口出江。临江处筑盐栈。不久，盐栈改设仪征十二圩。

经过历朝各代的不断完善，瓜洲运口成为具有通航、灌溉、行洪、排涝和挡潮等综合利用功能的枢纽工程，至今仍在发挥效益。

（3）白塔河

白塔河开于宣德六年（1431 年），是两浙漕船过江的主要通道。

明代，镇江至丹阳段地势高昂，练湖补水困难，漕船有时难以由镇江至瓜洲进入里运河，而江北白塔河与江南孟渎河参差相对，漕船由孟渎河过江半日即可入白塔河，北至宜陵入运盐河（又称通扬运河），再西北行，至邵伯接里运河北上。

明宣德六年（1431 年），为省瓜洲盘坝之费，平江伯陈瑄开白塔河，长四十五里，建新开、潘家庄、大桥、江口四闸。江南漕船自常州孟渎河过江入白塔河，至湾头达里运河。自此，白塔河成为两浙漕船北上的主要通道，直至瓜洲改坝为闸。

正统四年（1439 年），于江口筑坝，运河水盛，启坝行舟；水枯则闭坝，舟船翻坝而过，漕船改由瓜洲、仪征出入江口。成化十年（1474 年）废新开闸、潘家庄闸及大桥闸，于白塔河内重建新开、通江、留潮 3 闸，增建土坝 3 座。夏季潮涨则由闸，冬季水涸则由坝。正德二年（1507 年），复开白塔河及江口、大桥、潘家和通江 4 闸。其后，因运道淤浅，屡浚屡淤，又因私盐船只由此入江难以防捕，于是不再疏浚。江口闸后坍没入江。

明万历以后，白塔河不再通漕，仅作泄洪入江水道。现在仍是引排水河道。

（4）镇江运口

京口闸位于镇江，是江南运河出入长江的水运咽喉。

秦代后，为使南来船只避开绕行长江带来的风浪之险，陆续开凿丹徒至京口间运河，使江南运河入江口门——京口与里运河入江口门——瓜洲隔江相对。东晋初年设置京口丁卯埭（镇江城南三里处），壅水通船入江。唐开元二十二年（734 年）改于江口设立京口埭。北宋淳化元年（990 年）废埭建闸。北宋元符二年（1099 年）改建成集航运、拦潮、供水和仓储为一体的多级澳闸，即京口闸。

京口闸原有 5 闸，自北而南依次为潮闸（即京口闸）、腰闸、下中上三闸等，并修积水澳和归水澳各一座。潮闸即头闸，距江一里远，至腰闸间是引潮段，也是船只候潮南行或北渡长江的泊地。腰闸至下闸间约为 400 米。下中上三闸正当镇江段运河的分水岭，闸间距约 120 米，下闸与中闸之间的闸室与归水澳相通，中、上两闸间的闸室与积水澳相通。改建后的京口闸“积水在东，归水在北，皆有闸焉。渠满则闭，耗则启，以有余补不足”。归水澳西岸有转般仓，是长江与运河之间漕运中转仓库。

北宋末年，由于泥沙淤塞，京口闸一度失效。南宋重建，将两澳归一，并有壕堑环绕转运仓，船只可驶至仓前装卸，或驶入水澳停泊。水澳又与甘露港相通以引潮入溪，或作避风港，是运河与长江沟通的又一孔道。京口闸演进为兼有蓄水、引潮通航、避风和码头作业的内河港口，是古代水运工程枢纽的典范。

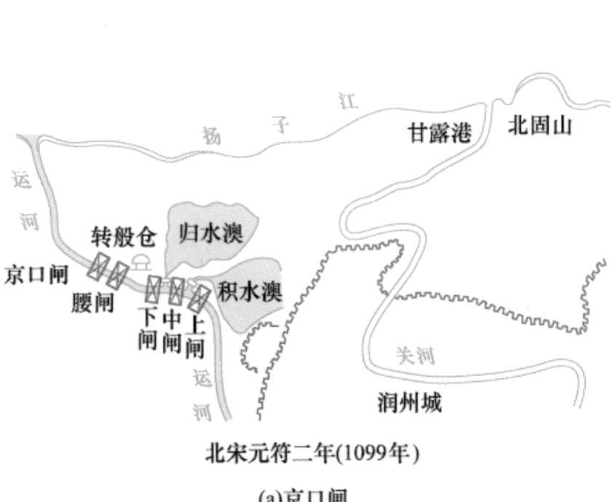

(a)京口闸

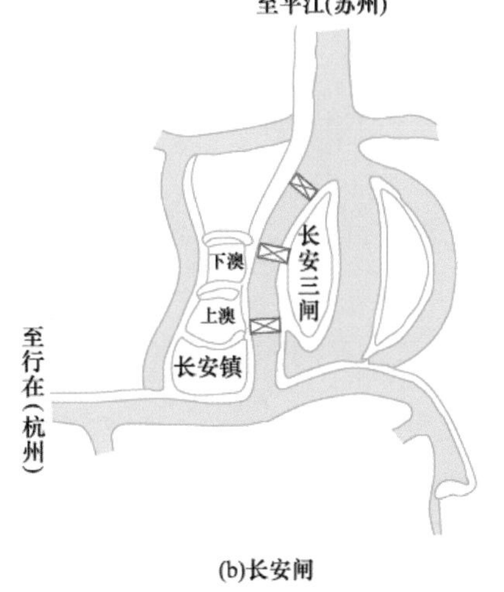

(b)长安闸

北宋元符二年（1099年）京口闸示意图

a. 京口闸沿革

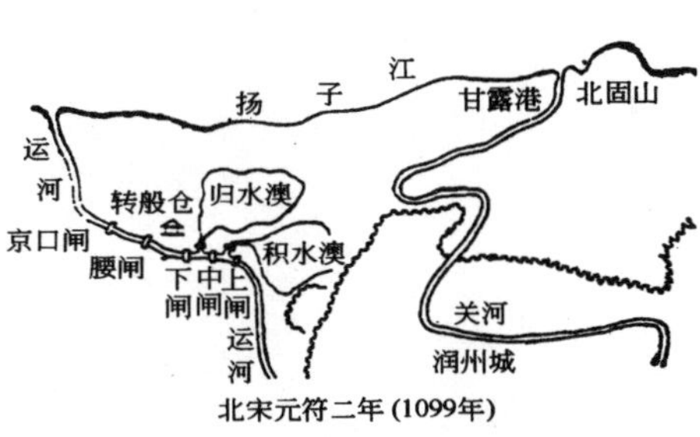

b. 复闸工作原理

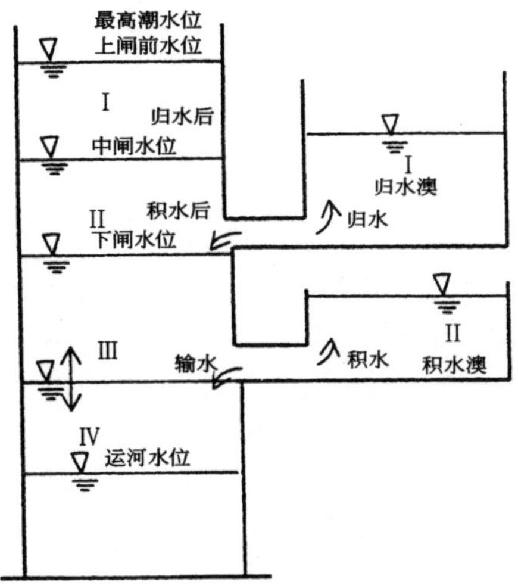

南宋嘉定十一年（1218年）京口闸示意图

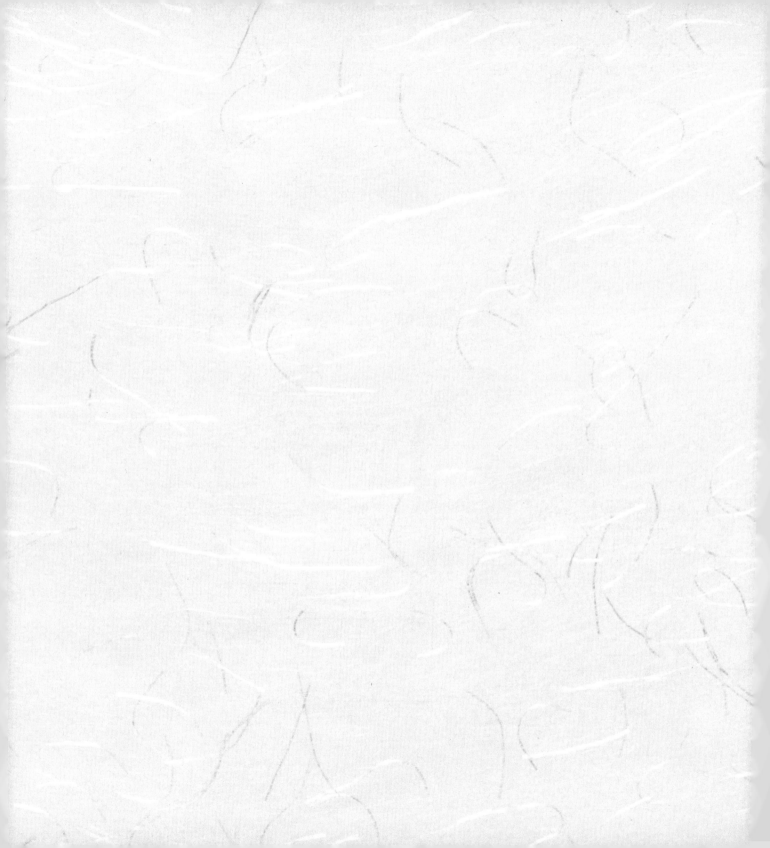

第四章 古代城市水利工程

城市的生存与发展与水利密不可分。水利不仅可为城市提供供排水设施，还可通过提供水源改善城市的水环境，提升城市的景观。

一、北京水利

北京的城市水利设施形成于 13 世纪末，源于为京杭运河的北段通惠河供水的工程设施。元代通惠河东起通县，西至积水潭（明清移至东便门），以西山一带泉水为源。通过输水渠系、水库和运河上的闸门维持通惠河水运。水源工程和输水工程构成了北京供排水的骨干河道，通过西郊的颐和园昆明湖及内城的积水潭、太平湖、什刹海、北海和中南海构成了具有调蓄和节制水量功能的北京城市水利的骨干工程系统，并对北京城市风貌产生了重要的影响。

昆明湖今景

明代继承了元大都的都城公共设施，并完成了城市沟渠配套工程。这一水利工程体系为地处半干旱地区的北京提供了城市河湖水系和园林水域。北京是严格遵照营城礼制修筑的城市，皇城和街区对称方正，河湖水系的加入，为其赋予灵动的美学意境。

（一）以昆明湖—六海为中心的水源及输水工程

通惠河是京杭运河的最北端，元至元三十年（1293 年）

由郭守敬主持建成。郭守敬利用西山一带的泉水为水源，并将山前平原很多洼地辟为蓄积泉水和节制水量的水库。

西山为燕山山脉余脉，山前平原有丰富的地下水，尤其是昌平、玉泉山一带，泉水出露，池塘湖沼众多，元代开始在瓮山泊（今颐和园昆明湖）营建皇家寺庙。郭守敬主持兴建了玉泉山和白浮村引水工程，并利用瓮山泊作为蓄水水库。瓮山泊在地势上东低西高，元代在其东部修建了号称“十里长堤”的堤防，同时于进水口和输水口筑有节制闸和泄水闸。瓮山泊成为人工水库，蓄水能力由此得以扩大。

瓮山泊作为运河水源的调节库，水域面积比今天要大得多。清乾隆十五年（1750 年），改湖名为昆明湖；并于此建清漪园，光绪时改名颐和园。除颐和园外，明清时利用西山的水源与地势所修建的园林还有玉泉山、圆明园等。昆明湖以下的输水渠是元代在高梁河的基础上改建而成的，清代名“长河”。人们将水从瓮山泊引入市区，进入北京六海，这是通惠河水源的第二级调节水库。

源于漕运供水的北京城市水利的兴起为北京的水环境带来了两大好处：首先，引水工程的大量兴建，造就了风景优美的昆明湖和西山园林区，经过元明清三代的精心营建，这些皇家园林成为东方园林艺术的瑰宝；其次，通惠河成为城市交通，以及为洪水与污水的排放提供东行的骨干水道。

（二）护城河及排水沟渠系统

元大都的排水系统也很完善，城墙下筑有石砌的排水涵洞，南北主干大街两侧都有石砌的明渠，穿过城墙的排水渠承纳着城市污水。完善的上下水道与前述引水系统相

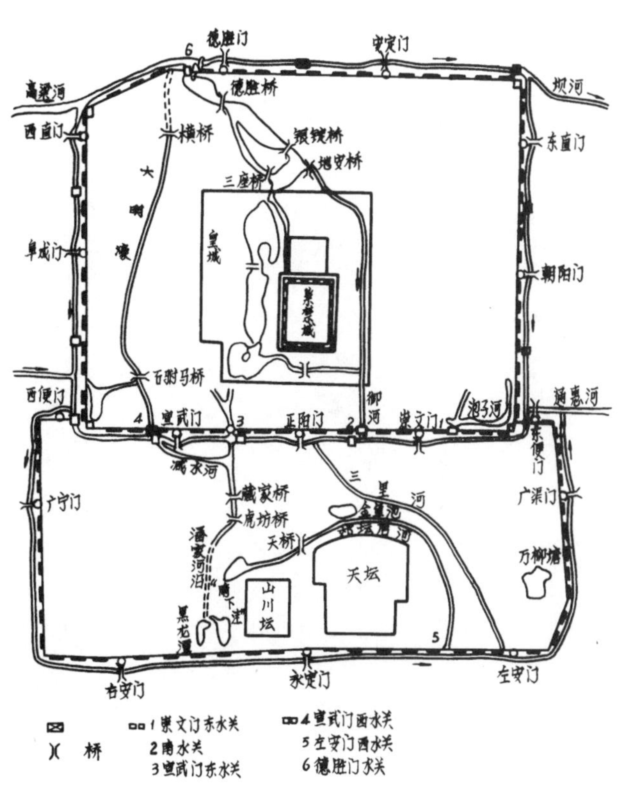

明清北京水源工程与西山皇家园林区

配合，使大都的市政功能大为提高。

明永乐帝定都北京后，对其进行了脱胎换骨式的改造。明代的都城城区弃元大都南移，利用金中都的一部分向东加以扩展，形成“品”字形的格局。内城以六海子为主的水域分引出环绕皇城的筒子河。城市排水系统从街区分出支渠、斗渠和毛渠三级沟渠，最终以筒子河为轴线，形成南北向的城市排水骨干渠道，汇入环绕内城的护城河中，最终进入通惠河。其中，护城河不仅具有分流市区洪水、排泄市区污水的功能，而且是市区生活、消防及园林灌溉的重要水源；通惠河则自此获得其济运水源，同时将市区污水输出城外，构成了一个有机的城市水利体系。

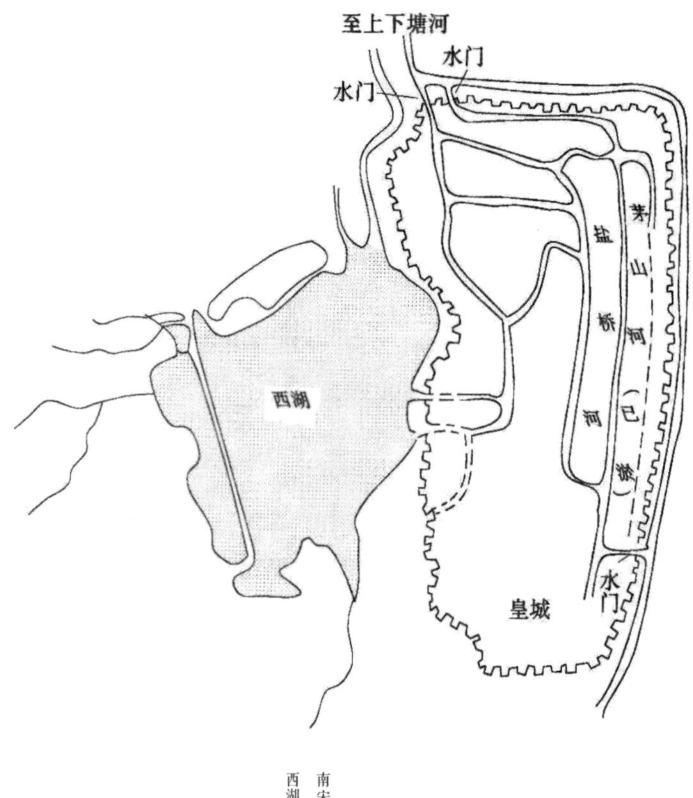

南宋杭州河道与西湖示意图

二、杭州西湖水利

杭州原名钱唐县，隋朝始名杭州，是五代十国时吴越国（904—960 年）和南宋（1127—1279 年）的都城，历时 370 余年。隋代东西运河开通后，作为运河终点的杭州开始兴盛，后随着经济中心的南移而迅速崛起。西湖是潟湖形成的平原湖泊，因位于钱唐县城以西而得名。

杭州位于海湾的淤积层上，这里的地下水咸苦，不宜饮用。唐代宗时（763—779 年），杭州刺史李泌在城中主持开凿了六井，以西湖水为源，城市用水得以改善。李泌所开的六井即小方井、白龟池、方井、金牛池、相国井和西井。湖水通过暗管引入城中，注入人工修砌的六井中。

李泌开六井之后 40 多年，唐代大诗人白居易出任杭州刺史，对西湖水利进行了系统治理：疏浚湖泊、修筑东堤，提高西湖的蓄水高程和调节能力，并将城区供水后的余水用于农田灌溉。据文献记载，白居易所建的引水系统有二:北有石涵南有笕。石涵即石砌的引水涵洞;笕是引水的竹制输水管道，埋设于地下，类似于现今的自来水管道。为确保洪水不致漫顶溃堤，白居易还在湖岸设置了非常溢洪道，溢洪道宣泄不及时，开启涵闸和竹笕。

五代十国时，钱镠以家乡杭州作为吴越国的都城，杭州城市水利有较大成就，西湖被经营成杭州的水源工程。杭州城建立了具有供排水、城市交通和消防等多种功用的完善的河渠水系，且城内河道和运河相互沟通，成为运河南端水陆交通的枢纽。

北宋靖康之难后，逃至江南的宋室子弟赵构，以杭州为都城建立了南宋王朝。杭州飞速发展，人口超过 50 万，激增的用水需求较往昔不啻百倍。为保证城内百官居民的充足用水，南宋在北宋工程的基础上进行了整治与扩建，将输水管道由瓦管改为石砌涵管，并扩大了引水量和引水范围。

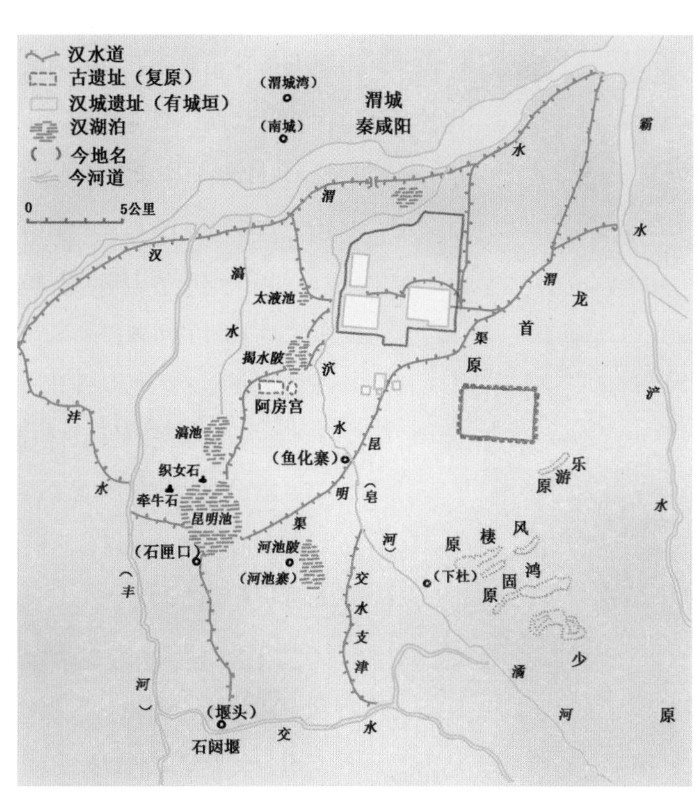

汉代长安昆明池供水工程示意图

三、长安水利

长安即今西安，历史上前后共有 11 个朝代在这里建都，长达 1100 多年。汉代全盛时，长安人口高达 30 万，唐代则达到 100 多万。汉长安有以昆明池水系为主体的蓄水和供水系统，城中分布众多的宫殿，每一处宫殿都有塘泊与城市沟渠相通。隋代定都长安后，虽抛弃了历经魏晋南北朝的长期兵燹而满目疮痍的汉长安，另建新都，但却继承了汉长安的水源和供水工程，并将长安以南渭河各支流的水引入长安，扩大了城市水源。隋唐时期，通济渠的开通，构成了以洛阳为枢纽，以长安为终点的全国骨干水道。唐以后不再有王朝定都长安，现今的西安只有唐长安的 1/3，城内很多水域因输水渠的湮废而消失，汉唐“八水绕长安”的景象已成为一种历史追忆。

（一）长安的水源工程——昆明池

汉长安城始建于西汉汉惠帝元年（公元前 194 年），历时五年建成，是中国历史上第一座规模宏大的城市。时长安城内不仅盘踞着中央政府和军队，还充斥着发达的手工业作坊区和繁荣的商业区。要维持规模如此庞大的城市的运转，充沛的水源供给不可或缺。

最初，汉长安城的主要供水工程是秦朝遗留下来的引水设施，即引渭河支流泬水入镐池，经过镐池的调节后再输入都城。汉武帝时扩建宫殿和都城，旧有的水源不敷使用。汉元狩四年（公元前 119 年），开始修建昆明池供水工程。该池上源引渭河支流沣水和交水，北与镐池相通，下源接纳泬水。昆明池是一座蓄水库，周长 20 多公里，下游与堨水陂、未央宫仓池、漕渠相通。其中，供给城区的池水通过堨水陂进行水量控制；然后进入未央宫仓池，此处是控制进入宫城区水量的枢纽；最后排入漕渠，漕渠是一条平行于渭河的人工运河，凿于汉元光六年（公元前 129 年）。

昆明池供水工程的修建，妥善解决了长安城的供水问题，并根本改善了其水利环境，使之成为一个充满钟灵之气的城市。汉班固在其《两都赋》中全方位地勾勒了当时长安城的水环境：运河沟通了长安与渭河和黄河间的联系，使得江南的物产通过水路源源而入；长安城内灵秀的园林陂池与壮观的亭台楼阁交相辉映，呈现出一派繁华亮丽的景象。

浩渺烟波的昆明池是汉唐皇帝和达官贵人的游乐之所。每每可以在此欣赏到碧波荡漾的湖面上楼船泛绿、百舸弄波的绝妙画图。昆明池附近的杏园，是新科进士每年于此举行牡丹宴的地方。

（二）唐长安的城市供水系统

隋朝统一中国，定都长安。隋开皇二年（582 年），隋文帝派宇文恺营建都城。宇文恺对长安建城的贡献，使它成为历史时期著名的城市规划和建筑大师。除长安外，他还主持了东都洛阳城的建设，这两座城市成为后来 11 世纪宋都汴梁（今河南开封）、13 世纪元大都（北京）的样板。隋长安城址在汉代长安西南，内城称“大兴城”。除利用原有的昆明池水源和供排水系外，宇文恺又增加了南部山区渭水各支流的水源。他开凿了 3 条干渠引这些山区河流入城，即城南的永安渠、清明渠和城东的龙首渠。渠水迂回曲折，汇成多处池塘，不经意间给京城增添了几分妩媚之色。随后的唐朝亦建都于此，并继续加以营建，长安的供水系统遂得以逐步完善，最终形成东西南北纵横相通的城市水利系统。

长安的引水工程主要包括以下几处。

龙首渠：引浐水，自长安东南的通化门入城，主要供给宫城内苑的用水。唐新修建的大明宫和扩建隋朝遗留的兴庆宫的水源都借助于龙首渠。入城后的龙首渠水与其他渠道相沟通，纵横交错，宛如游移于街道两旁的银涟。

清明渠：分泬水东南流，自城南的安化门入城，西与永安渠相通，供应外郭西城及皇城、宫城的部分用水。

永安渠：引洨水，自城南大安坊入城，向北直入芳林园。最后向北排入渭水。该渠凿于隋开皇二年（582 年）。

黄渠：宇文恺为将京城的东南角开辟为皇家园林，利用当地泉水开凿成渠曲江池。唐玄宗时（712—756 年），又引南山山溪水入曲江池，这条引水渠称“黄渠”。曲江池入城的渠道称“御沟”，与许多私家园林相通。唐开挖黄渠后，曲江池的水域扩展，逐渐取代昆明池而成为盛唐时期的名胜园林。

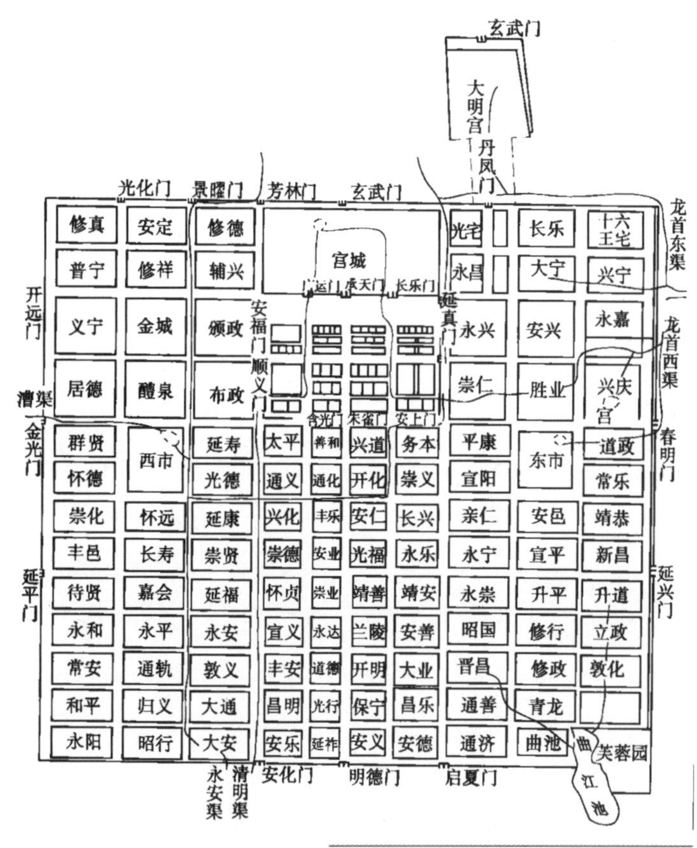

隋唐长安坊水渠复原图

漕渠：引渭水，经城北东至潼关，长 150 公里。该渠也是在宇文恺的主持下循汉漕渠旧水道修复而成。唐初淤废，天宝六年（742 年），京兆尹韦坚重新加以开凿，并于城东引泬水，开广运潭，使长安成为漕船停泊之港，最多时可泊船数百艘。

供水渠道入城，激起了居住在长安城内的皇亲国戚、达官贵族兴建私家园林的热情。人们纷纷引渠入园，唐代见诸文献记载的私家园林有 30 多处。

（三）长安城市排水系统规划的失误

宇文恺在规划隋大兴城时，设计了城市排水和防洪沟渠体系。唐长安在此基础上继续扩建和完善。现代考古发现，当时长安城内主要街道的一侧或两侧都建有排水沟，与城内河渠（城濠）和排水河道共同组成一个城市排水系统。

然而，这座1000多年前规模最大的都城在排水系统方面的缺陷却是显著的。众多山区河流被引入城中，这些河流洪枯水量变化极大，城市水道在汛期不能满足行洪的需要。唐代长安城的面积约83平方公里，内城有众多的私家园林，但池塘都很小，蓄水容量较大的水体大多分布于外城和城郊，唯一可以蓄滞洪水的场所是城濠。城濠周长37公里，加上内城池塘的总蓄水量约为592万立方米，与后来北宋汴京和元明清时期的北京相比，长安的城市蓄水量和水道排泄量明显不足。由于缺乏洪水蓄滞空间和行洪通道，使得唐长安的水灾频度和严重程度同样令人难忘。据统计，唐永淳元年（682年）至元和十二年（817年）的135年间，长安城遭遇的没顶之灾有10次之多，在古代的诸多都城中，都城如此频繁被淹的情形是不多的。

四、成都水利

唐以前，成都护城河较少。都江堰将岷江水引入成都后，为成都提供了稳定的水源和行洪通道。来自都江堰的两江从西北入城，然后在城南自西而东流过，市坊街区分布在河的东岸和北岸，这使成都既有舟楫的便利，河流洪水又不会入城，即使有水灾也只集中在沿河两岸。唐宋成都具有完善的城市排水系统。城市的排水干渠为南北走向的明渠，地下排水道为东西走向，城区雨洪和污水由排水道入明渠后排入二江。就城市防洪而言，这样的城河格局和排水系统的布局对于自西北向东南倾斜的成都地形而言无疑是成功的。

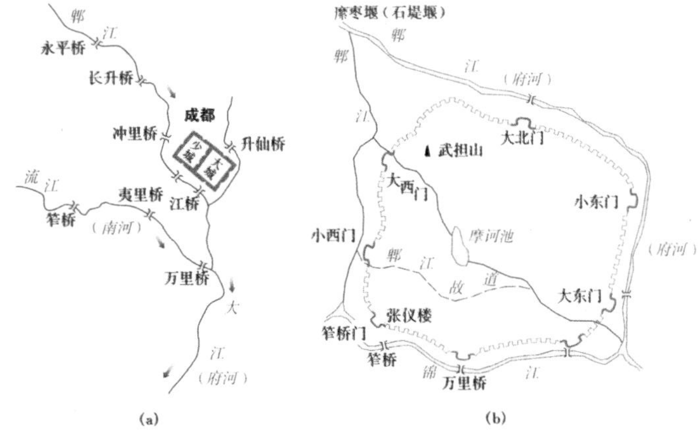

清代成都水环境示意图

对今天成都市区的河流水系最有影响的水利工程是唐乾符（874—879 年）时西川节度使高骈在郫江修建的縻枣堰以及开凿的护城河，它们改变了成都自汉代以来“二江珥其前”的格局。高骈所开城河，自縻枣堰郫江引水，使郫江改由成都北向东，在城东北转而南下，这大致相当于今府河的经行路线。

高骈的新城河为成都提供了三面环水的城河水系。与内城的摩诃池（隋代利用洼地开凿而成，引成都二江之一的郫江水为源，宋代消失）河湖水系构成了成都完善的市政水道和园林河湖，从而形成了河岸亭台与街坊市井相连、园林与作坊杂陈交错的城市空间格局。唐代对河湖的改造，为城市造就了更多水域，也带来了区间洪水的威胁和防洪压力。加上后蜀晚期疏于管理，使得城市河湖迅速淤塞。终于后蜀广政十五年（952 年）夏，成都发生了水淹全城的大水灾，上千户居民家园荡然无存，后蜀王宫几被冲毁。北宋中期因旧渠疏浚，将其改成成都内城排污和行洪的市政渠道——金水河。1385 年，朱元璋的十一子朱椿为蜀王，在后蜀宫殿的旧址处开渠环绕王府，称御河。这两条内城河流为成都市中心提供了蓄滞洪水的空间。至 20 世纪 70 年代，金河、御河被填埋。

第五章 古代水土保持工程

我国是个多山的国家，山地众多。在全国 18.26 亿亩耕地中，坡耕地达 3.59 亿亩，占总耕地面积的 19.7%。

坡耕地是指分布在山坡上，地面平整度差，跑水、跑肥、跑土突出，作物产量低且不稳定的旱地，一般在6° ~25° 之间的地貌类型。坡耕地既是山丘区群众赖以生存的基本生产用地，也是水土流失的重要来源地。

据资料分析，我国坡耕地面积虽仅占全国水土流失面积的 6.7%，但水土流失量却占全国总量的 1/3。半个多世纪以来，全国因水土流失损毁耕地 5000 多万亩，几乎全都是坡耕地。坡耕地水土流失不仅破坏了耕地资源，降低土地效力，危及国家的国土安全和粮食安全，而且恶化了生态环境和生存环境，严重制约着广大山丘区经济社会的可持续发展。

梯田是我国传统田制，我国坡地改造梯田的历史悠久。据记载，长江流域 3000 年前就有了水稻梯田，黄河流域 2000 年前就有了旱作梯田。1949 年以来，山丘区梯田建设一直作为防治坡耕地水土流失和提高坡耕地农业产量的重要措施。至 20 世纪 80 年代全国已形成了北自黑龙江、南到海南岛、东起东海之滨、西至云贵高原的各类梯田 4 亿亩左右，其中 1950 年以前修了 2 亿多亩。

梯田是因地制宜的长效型水利工程，是山丘区农业生产重要的基础性支撑。同时，梯田所具有水土保持功能、生态价值，更是我国江河生态环境保护不可或缺的水保工程。

目前我国延续使用的古梯田有许多，其中最有知名度的有云南元阳县等境内的红河哈尼梯田、广西龙胜县境内的龙脊梯田、湖南新化县境内的紫鹊界梯田等。

一、云南哈尼梯田

云南红河哈尼梯田位于云南省红河州元阳县的哀牢山南部，初垦于隋唐，至今已有1200多年历史。主要分布在红河哀牢山南段的红河、元阳、绿春及金平等县，地处滇南低纬高原，地理位置介于东经102° 37′～102° 50′，北纬23° 03′～23° 107′之间，分布于海拔700～1800米山间，梯田面积广、连片集中，是元阳县的粮食主产区。梯田区土地总面积约419.33平方公里，耕地面积约53.4万亩，主要农作物包括水稻、玉米、花生、黄豆、甘蔗、蔬菜等。

云南红河哈尼梯田

红河哈尼梯田在绵延起伏的哀牢山中依山势等高而建，坡面径流被截入条条沟渠，层层引入梯田进行自流灌溉，梯田长年保水保收。哈尼族关于人居环境选择、生态保护、社会结构、水资源利用、生产管理等方面创造了独特的方式和经验，处处体现着朴素而又严谨的科学精神。哈尼族根据地势地貌、自然环境和农耕生产条件，创造并延续使用了一整套科学的梯田耕作生产流程、生态环境保护和利用规范、水资源开发建设和管理法则、人力资源合理分配等科学生产和管理手段。特别是对水源保护林的乡规民约、独特的“木刻分水”制灌溉用水管理手段，根据梯田分布的海拔高低、气候炎热或寒凉，适时选择适宜不同环境和气候条件下生长的数十余种稻种，并且保障其品种长久而重复播种不产生变异等，都具有独特而现实的科学价值。

（一）精心规划设计

在开垦梯田之前，首先必须考虑森林、水源、平缓的山梁或山坡等垦殖梯田不可或缺的自然条件；其次应纵览全山，以度地势，先确定开山的起点，然后把全山分成若干层，自下而上分级进行；第三要视开垦者的人力、物力条件，分阶段加以开垦。哈尼梯田在水沟配套、引水冲沟、冲肥以及修建沉沙池等工程措施的设计施工上，至今仍具有指导意义。

（二）因地（水）制宜的理念

哈尼梯田依山势，采取自流引水式渠道纵坡的设计。从海拔 700 ～ 1800 米的山腰平行等高修建干渠，汇集高山来水，然后垂直等高线方向修建支渠，再逐渐修建下级渠道，最后形成较为完备的渠道系统，科学地保证了整个梯田的耕作。

具有森林、村庄、梯田和江河“四素同构”特征的哈尼梯田生态系统，以水系统为核心，通过能量循环系统和物质流动形成了一个具有良好的空间结构和协调性的生态系统，整个系统由森林子系统、村寨子系统、梯田子系统和河流组成，在气候较寒冷的高山保留森林，保障了水源和自然环境的总体平衡；在气候温和的半山区建村落，便于人居和生产；在气候较热的下半山垦殖梯田。

元阳县共有大小河流 29 条，有 6000 多条水沟遍及各处梯田。东西两座观音山有原始森林面积 18 万亩，是元阳县干支河流的水源林，为梯田农业提供长期的水源条件。元阳县地处西南季风的迎风坡，便于吸纳来自北部湾的暖湿气流。这里地势较高，立体气候明显，中部山区植被茂密，高山区原始森林密布，终年高温酷热的气候，造成水分蒸发量极大，升至高空的热气团与高山区冷空气相遇凝结为连绵不断的雾雨。山顶中的森林是一个巨大的固体水库，它能将云雾中密布的水汽很好地贮存起来，从而形成一个个天然泉瀑、水潭，顺着无数条穿过梯田的水沟，灌溉着森林脚下千万亩梯田，同时又为半山坡的哈尼村寨提供人、畜用水，这就是红河哈尼梯田所独有的水系结构。

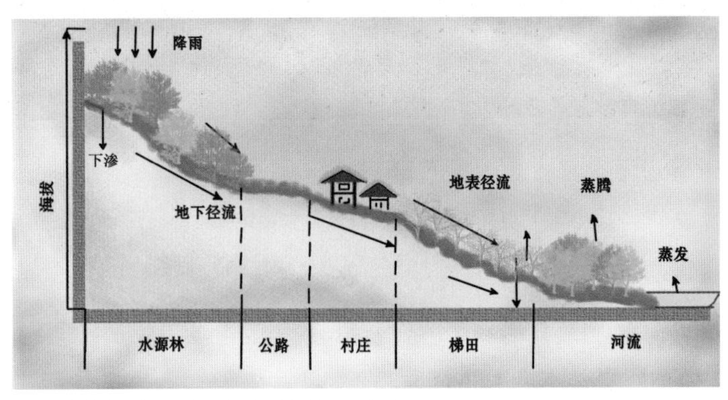

哈尼梯田生态系统空间结构图

（三）循序渐进的建设思路

哈尼梯田的形成，首先是在山坡平缓处开挖出缓坡旱地，经过一段时间的耕作，缓坡旱地逐渐变成较平的旱地。其次，根据当地的灌溉条件，采取措施把旱地改造成台地，并使之不断熟化。最后，再改造成水稻梯田。一般提前数年将荒坡辟为台地，在台地上播种数季旱地作物，待水渠挖通，就在台地开挖出梯田。这样做的好处是可以量水为田，视水源水系配套条件，逐步做到山有多高，水有多高，梯田就有多高；而且经过旱地—台地—水田反复翻挖、施肥耕作和逐年熟化过程，保证了工程质量，使梯田肥力稳定，田埂坚固耐用不渗透。

哈尼梯田森林、村庄、梯田和水系分布

（四）一整套古梯田永续利用的管护经验

哈尼梯田形成并严格遵循刻木分水、神林崇拜等一系列生态保护、水利管理、乡规民约、宗教祭祀等措施或习俗。而且不管在哈尼族内部，还是哈尼族与其他民族之间，互帮互助、礼让谦和，营造出人与人和睦相处的生产方式和生活状态。

新中国成立前，官沟由官方出资出人直接管护，民间沟渠由“嘎收”管护：每条沟渠都由水沟所有者或受益者共同推举一个“嘎收”来负责管理。“嘎收”要负责水沟的日常养护，每年冬季召集所有田主（沟渠受益户）投资投劳，对沟渠进行较大规模的修缮加固。沟渠的受益者要缴纳一定谷子给“嘎收”作为报酬。“嘎收”若在任期内没有尽到责任，不仅会受到舆论谴责，而且田主有权拒交“沟谷”，将“嘎收”无条件免除，另选他人。对于偷水者惩罚特别严重，不仅会受到所有田主谴责，甚至罚款；偷水情节严重者，田主将联合起来将偷水者的田口挖开，把水全部放掉以示惩罚。

哈尼梯田的田埂维护

二、广西龙胜梯田

广西龙胜梯田

龙胜梯田位于广西龙胜各族自治县和平乡平安村龙脊山。龙脊山海拔近1000米，坡度大多在26°～35°，最大坡度达50°。梯田分布在海拔300～1100米。景区面积共70.16平方公里，规模较大的主要有平安壮寨梯田和金坑红瑶梯田两处。

至迟在清代有了成规模的梯田开垦活动，龙胜梯田目前总面积约9.9万亩。适应地形条件，每块田修建得小巧玲珑，精制细腻，当地群众诙谐地把这种梯田称为“青蛙一跳三块田”。梯田从山脚盘旋至山顶，小山如螺，大山如塔，层层叠叠，高低错落，集壮丽与秀美为一体。

（一）梯田引水

龙胜梯田的灌溉用水主要是山涧水，灌溉沟渠分散于梯田之间，构成了梯田的灌溉水系。当地人民在梯田的山腰处也开辟了许多的沟渠，承接山体和森林地表地下渗流，顺着水沟由上而下注入每一层梯田，最后汇入金江河水。为了防止梯田沙化和碎石堆集，村民在水入田处挖一深坑，以沉淀水流夹带的细砂碎石，这样便使得梯田的土壤得以常年保持地力，很好地防止了梯田的沙碱化。

堰坝配套的净水设施——设于渠首段的沉砂池

（二）梯田分水

龙胜梯田很久以来都有着一套较为完整的梯田分水办法。一个灌溉渠流经的地方有很多的田地需水灌溉，如果首先满足先开辟的田地用水，那么尽管后开辟的田地或支渠是在较接近主渠的水源地方，也不能导水灌溉，这种办法在干旱缺水时，会使另一些水田干涸龟裂而失败。目前的梯田分水有两种办法，一种办法是：在新开的田地处开出灌溉的沟渠，及时地增加沟渠，这样不管是先开辟的田地，还是后开辟的田地，都能满足其灌溉用水了。另一种办法是：如在一条主渠或支渠有许多处地方要使用这条渠水，则在分水的地方设置一块平整的木块或石块，上面凿上两个缺口或三个缺口作"凹""凹凹""凹凹凹"状的水平分水口，当地人称之为"分水门"。缺口的多少和缺口的大小是按需灌溉的田地的多少而定。这种利用分水门来分水的办法，在一定程度上保障了梯田灌溉用水分配的公平性，较之以前的分水办法，是一个很大的进步，同时也充分体现了当地人民适应自然、改变自然的智慧和才智，显示了他们较高的水利技术水平。

分水门

（三）梯田水利管理

龙脊壮族地区为了适应梯田的发展和文化的生存，产生了本区域独特的社会组织形式。其中最为突出的就是当地的寨老制度和乡约制度上。龙脊寨老制度产生较早，在很长的历史时期内发挥了很重要的历史作用。村寨寨老由本寨群众民主推举产生，负责组织本寨的梯田维修、水渠疏通、社会治安、纠纷调解等，有时还负责举行农业祭祀，以祈求获得神灵的保佑。各级寨老组织通过制定乡约，调节社会关系，维持梯田生产，很好地适应了当地自然环境和社会环境变化的要求。

为了保证农林作物的正常生长和收成，龙脊寨老组织制定了大量的保护与调整水资源、维护农林作物的正常生长和收获的乡约条款。道光二十九年（1849 年）的《龙脊乡规碑》规定曰："遇旱年，各田水渠，各依从前旧章，取水灌溉，不许改换取新，强塞隐夺，以致滋生讼端。天下事，利己者谁其甘之。"以后龙脊每次修订乡约，对于旱年用水的规定，解决梯田用水纠纷等方面的条款都有进一步的补充和发展，制裁的措施更加完善。如同治十一年（1872 年）颁布的经过官府认可的《龙胜南团永禁章程》就规定：“遇旱年，各田水渠照依旧例取水，不得私行改换取新，强夺取水，隐瞒私行，滋事生端，且听头甲理论，如不遵者，头甲禀明，呈官究治。”明确了这种争端的处理程序，把最初的处理权交给地方精英，这就使得纠纷得以及时有效的处理，不致耽搁农业生产。光绪四年(1878 年）的《龙胜柒团禁约简记》中也对此做了很详细的规定：“禁天乾年，旱田照古取水，不敢灭旧开新，如不顺从者，头甲带告，送官究治。”这些乡规民约对于维护梯田的长久运行发挥了巨大的作用。

三、湖南紫鹊界梯田

紫鹊界梯田位于中国湖南省娄底市新化县西部山区，地处长江二级支流资水流域，属亚热带气候，多年平均降水量 1643.3 毫米。灌溉总面积 6416 公顷，共 500 余级，坡度在 25º ～ 40º 之间，分布在海拔 500 ～ 1200 米的山麓间。

湖南紫鹊界梯田

紫鹊界梯田在宋代（10 世纪）已有相当规模，全盛于明清（16 世纪），至今已有 1000 多年的历史，由当地汉、苗、瑶、侗等民族原住民共同创造。

紫鹊界梯田以稻作农业为主，具有自流灌溉的特点与水土保持、人工湿地的效益。梯田的开垦时代，正是中国人口增长高峰时期，解决了人口增长与粮食短缺的矛盾，开创了山区稻作农业的先例，是亚高山地区粮食生产与水土保持有机结合的典范。紫鹊界人民充分利用了当地自然条件，用科学的规划、传统的技术和材料，综合开发水土资源，创造性地采用了多种技艺，在坡度大于 25° 的山上修成了梯田，以简易的工程设施实现了人工与自然结合的水源工程、供水工程、排水工程完善的自流灌溉体系。该工程千年不衰，至今有效运用，形成了生态和谐、环境优美、人民安居乐业的自然—生态—人居环境，且能够维持当地居民正常的生产、生活，以及今后农业可持续发展。

（一）紫鹊界灌溉工程体系

紫鹊界梯田灌溉工程体系由三大部分组成：蓄水工程、灌排渠系、控制设施。

紫鹊界山地植被茂盛，水资源涵养条件极好，每立方米土壤储水量达 0.2 ～ 0.3 立方米。山泉、山溪众多，常年不竭，溪流总长达 170 多公里，呈树枝状分布。紫鹊界成片梯田以引溪水灌溉为主，泉水直接灌溉只限边缘局部田块，溪流水位置有多高，梯田就有多高，水源由小溪坝截流引水，经输水渠送到梯田区，梯田内部的灌溉则是串灌串排，为防止冲刷田埂造成崩塌，从高一级梯田流入低一级梯田时，用竹子通穿挑流，使水送到离田埂脚较远的位置，局部的台田用竹子作枧（小渡槽），所有梯田均自流灌溉。

灌溉设施——竹枧渡槽

紫鹊界先民在这些山间溪流上修建小型堰坝，高 1 米左右，长约 2 ～ 3 米，拦水、溢洪、排沙、引水功能齐全，根据梯田供水需要建设在不同高程，据现状统计共有 69 座。进水口多在堰坝上游几米远处，方向与溪流走向呈 60° 以上夹角，保障引水安全。坝顶高程低于引水渠面，暴雨时洪水可从坝顶溢流排泄。渠首段设沉砂池和冲砂闸，一年或几

借田输水——梯田的田块也是输水通道

年冲砂一次即可。这种小坝日常无需专人管理维护，使用方便。层层的梯田同时也有蓄水的功能，田埂高度一般为 0.2 ～ 0.3 米，这样每亩梯田就可蓄水 50 ～ 60 立方米，所有梯田田块的蓄水能力就可达近 1000 万立方米，加上土壤涵养的丰富地下水量，保障了梯田作物充足的水资源。

紫鹊界梯田层层的狭长田块，也是临近田块间输水的主要通道，称作“借田输水”。在相对独立的田块区则需要修短渠，将水从塘坝或其他田块引来。由于灌溉单元都不大，输水渠道的长度、断面和流量都很小，当地管这些渠叫沟圳。水渠一般不穿田而过，而是沿着田块内侧或外侧，用矮埂将渠和田隔开。紫鹊界梯田这类渠道总长有 153.46 公里，都是土渠，挖掘和维护管理都很方便，用最少的工程量，保障了每块梯田的用水。从高一级的梯田向低一级的梯田输水，或向孤立山头的台田输水时，还就地取材，用打通的竹筒输水，这种渡槽称作“枧”。通过这些设施梯田实现了自流灌溉。

完善的排水系统是灌溉安全的重要保障。紫鹊界梯田的排水体系充分利用了天然的山谷沟道，在相交输水渠和相邻梯田的合适位置开设排水口，即形成天人合一的排水体系。山间每隔一定距离有一条基本上垂直等高线的天然排水沟，一般是山谷线，坡降特别大且依山势变化，沟底一般为基岩，抗冲刷力强；局部土层较厚的地方，当地农民则放置一些薄石块护底，或筑砌一些片石护坡，防止过度冲刷。这些沟溪因此既是梯田的供水水源，又是排水干道。它们与沿等高线方向平行分布的输水渠和条带形田块，共同组成紫鹊界梯田的水系网。

高水高灌，低水低灌

（二）灌溉管理

梯田的用水管理分配和工程维护以乡村自治管理为主，受用水户共同遵守的乡规民约的约束。紫鹊界梯田是一处古农耕稻作文化遗存，在悠长的农作历程中，紫鹊界梯田区灌溉形成些不成文的规定，当地农民世世代代自觉遵守，例如高水高灌，低水低灌，较高一级渠道的水灌较高的梯田；每条渠道所灌梯田的数量、位置都有规定。紫鹊界梯田灌溉区有时也缺水，但从来未发生水事纠纷。

第六章 古代水利提水机具与水力机械

中国古代水利机具和水力机械经历了从人力、畜力到水力、风力等自然能的应用两个发展阶段。尤其是水力提水机具和水力加工机械的发明与推广，代表了中国古代水能利用技术的最高水平。其中，水轮的发明使提水灌溉、冶金鼓风等多种生产首次建立在非人力的基础上，对当时的生产生活产生了深远的影响，堪称中国历史上的一次能源革命。近代以来，随着西方近代科学技术的引进与发展，这些水力机械提供的能量无法满足工农业对能源的需求，加之使用电能的抽水机的诞生，使得它们在人们的生产生活中逐渐隐退。但在没有解决供电问题的边远山区和农村地区，这些古老的水力机械至今仍在发挥作用。

戽斗（清代）

一、水利提水机具

考古发现距今7000年前，我国已开始人工灌溉。最早的提水灌溉工具是陶罐，用它从河里一罐一罐地把水抱到田里。距今约3000年前，人们发明了戽斗。此后，具有杠杆原理构造的提水机械桔槔、有垂直传动装置的辘轳、平行传动装置的龙骨水车的相继发明，不仅使提水灌溉效率逐步提高，且展现了我国古代机械技术的先进水平。

1. 戽斗

戽斗是最原始也是使用时间最长的灌排工具，至今仍可在田间地头见到其踪影。

戽斗是一个两边系绳的小桶，只要两个人分别拉着拴在小桶上的绳子两头，就能把低处的水甩上来。所用小桶在南方大多用木制作，在北方则多用柳条编成。

戽斗虽然提水效率有限，但灵活、方便。因而长期以来颇受百姓青睐，在那些地狭水浅不宜使用水车、水泵且浇水量不大的地方，戽斗至今仍在使用。

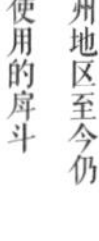

苏州地区至今仍在使用的戽斗

2. 桔槔

桔槔出现于春秋时期。

桔槔是一种利用杠杆原理制成的简单取水机械，具体结构与操作程序是：将一横长杆从中间悬挂起来，一端系一容器，另一端绑一重物。不提水时，重物一端下沉，容器一端上抬。提水时，用力向下拉绳，重物上抬，容器进入水中，待装满水后，再向上猛提，借助另一端的重物，不太费力就能把装满水的容器提上来。

在北方地区，桔槔至今仍在广泛使用。

桔槔取水图（清代）

3. 辘轳

辘轳最早见于汉代，时称“椟栌”，在当时的许多画像石中都可见到其踪影。

辘轳是利用轮轴原理做功的机械，用于提取井水。其构造类似于滑车，具体就是在井上搭一架子，架上横一轴，轴上套一长筒，筒上绕一长绳，绳的末端挂一水桶，长筒头上装一曲柄，摇动曲柄，绳就会在筒上缠绕或松开，绳端的水

辘轳

辘轳

手摇翻车

众人脚踏翻车（1962年）

一人脚踏翻车

二人脚踏翻车（明宋应星《天工开物》）

三人脚踏翻车（引自明《便民图纂》）

桶就会随之吊上或放下。比起用手上提，采用这种方式从井里打水省力多了。

辘轳出现后，深井取水问题得以解决，因此逐渐成为北方地区使用最为普遍的提水机械。明清时，出现了畜力辘轳，即在机械传动部分添装一平轮，盛水器由一桶增为多桶，只要牛、马等牲畜绕着立柱做圆周运动，即可将井水不断地提上来，提水深度达数十米。时至今日，华北平原仍在用辘轳将水从一些超过 100 米的深井中提取上来。

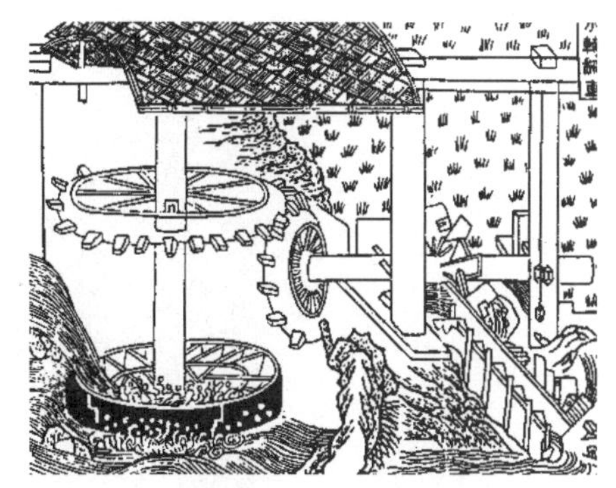

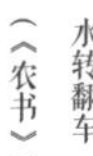

水转翻车（《农书》）

4. 翻车（龙骨车）

翻车最早出现于汉代，明清以来称为龙骨车。

据说，186 年，一个名叫毕岚的人曾做过翻车，这是首次见诸史书的有关记载。据此推算，翻车在我国至少拥有 1700 多年的历史。而在西方，类似的提水工具直到 300 多年前方才出现。唐宋以后翻车成为我国农村最常用的灌排机具。其构造新颖，已经能够使用轴、轴承、传动链等基本机械部件。

三国时，魏国发明家马均曾对翻车做过改进。当时魏国京城洛阳城内有一片坡地，由于地势较高，无法引水灌溉，一直荒废。马均深感可惜，遂想方设法解决该地引水问题，最终造出一种新式翻车。该翻车的效率很高，连儿童都可以转动，可见其结构之精巧。

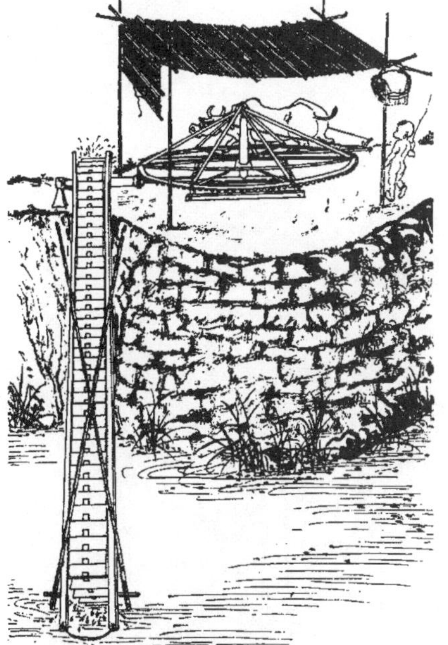

牛转翻车（《吴地农具》）

二、水力提水机具

隋唐时期，灌排机具逐渐由人力提水发展为利用水力、畜力和风力等提水，从而使我国灌排机具处于当时世界领先水平。古代水力提水机具主要有水转翻车、水转筒车和高转筒车等。

风力翻车

1. 水转翻车

水转翻车是先在河流岸边挖一沟渠，把翻车置于其中。然后把翻

高转筒车

车的踏轴延伸，做一立式小水轮，水轮旁另外搭木设轴，轴上安装上下两个卧式水轮。上卧轮和立式小水轮是车头轮（即齿轮向外凸出），且二者的齿轮相间咬合。当水流推动下卧轮时，带动上卧轮，再带动和上卧轮齿轮相间的竖轮，利用齿轮连动原理，带动一旁沟渠中的翻车，水便被输送上岸。

2. 高转筒车

高转筒车，顾名思义，其提水高度较一般筒车要大，因须藉助湍急的河水冲动。高转筒车由上下轮、筒索和支架等部件组成。岸上岸下各设一支架，支架上各装一立式水轮，下轮半浸水中。两轮用竹索相连，竹索上装有水筒。水轮周围两边高起，中间凹下，用于承受筒索。竹索与竹筒之下，用木架及木板托住，以承受竹筒盛满水后的重量。上轮需用人力或畜力转动，当上轮转动时，竹索及下轮都随着转动，竹筒也随竹索上下。当竹筒下行到水中时，就兜满水，而后随竹索上行，到达上轮高处时，将水倾倒入水槽中，如此循环不已，可把低处之水提到高处灌溉农田。

3. 水转筒车

水转筒车安装在河边，由支架、立式水轮和水筒组成。立式水轮固定在支架上，水筒固定在水轮外缘。水轮的大小视河岸高低而定，轮的上端须高出河岸，下端须没于水中。如果水力稍缓，可于上游用木石等做成木栅，横截河流，使之旁出湍急。当湍急的水流推动水轮不停地转动时，水筒就会随着水轮先后上升，依次倾倒入岸上的木槽中，再流入农田灌溉。

水转筒车

4. 渴乌

渴乌的发明者与翻车是同一个人，即东汉毕岚。它的发明，标志着我国古代水力学发展到一定的水平。

渴乌的主要用途是隔山取水，利用真空和水压力将水输送到目的地，因而必须将之做成中间高于两端的虹吸状，其进水口和出水口之间需有一定高差。渴乌大多用凿通中间隔节的竹筒相互套接而成，接合处需用麻缠裹并涂以油漆，或用油灰黄腊镶嵌涂抹，以便接合严密不致漏气。渴乌前端插入水源水面以下五尺，并需摆放妥当。为把水引上竹筒，需在筒内制造一定的真空，以便在大气压力的作用下将水“吸”入筒内，继而从出口端流出。在如此大型的虹吸管中制造真空，靠人用口吸气显然不可行。古人巧妙地利用了氧气燃烧的原理，即在竹筒出口端塞上松枝、干草等易燃物，然后将之点燃，筒中的氧气就会迅速燃尽。这样，筒内的空气压力低于筒外的大气压力，水就得以“自中逆上”。中国的许多酿酒作坊中也常常采用这种虹吸管。

三、水力加工机械

对水力利用最早的记载是在汉代，当时主要用于舂米和磨面等粮食的加工。至宋、元时期，水力机械广泛应用于农业、金属冶炼、纺织以及天文仪器制造等方面，并在人们的生产和经济活动中发挥着不可替代的重要作用。

1. 水碓

水碓至迟在西汉时即已出现。西汉《桓子新论》中提到一种水碓，用于舂米。该水碓上装有一个大的立式水轮，轮上有叶片，当水流推动水轮转动时，会带动拨板，拨板再带动碓杆，使碓头一起一落地舂米。后来又出现槽碓、连机碓等。

2. 水磨

水磨在魏晋南北朝时期得以推广使用，主要用于磨面等粮食加工，又称水硙。6 世纪初，仅洛阳谷水上就有水碾磨数十座。唐宋时，水磨已很发达，除磨面外，还用来磨茶。北宋中央政府专设水磨务，隶属于司农寺。

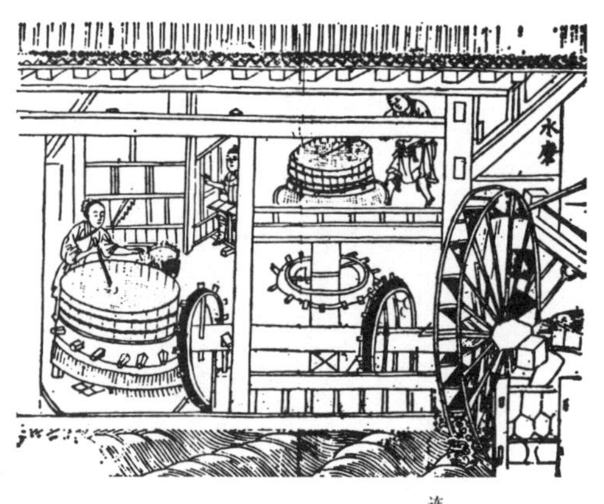

连二水磨

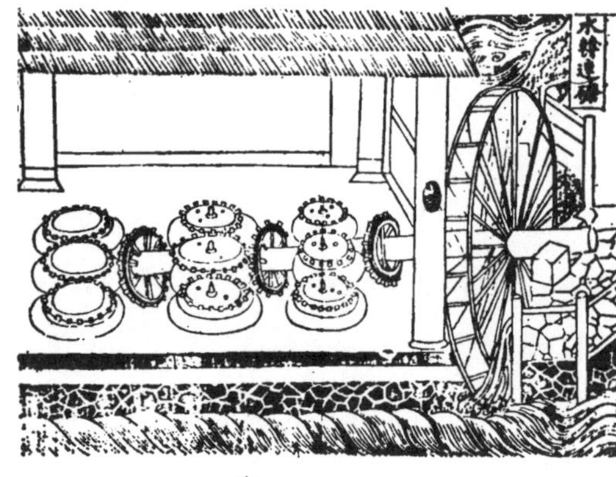

水磨

渴乌（《农书》）

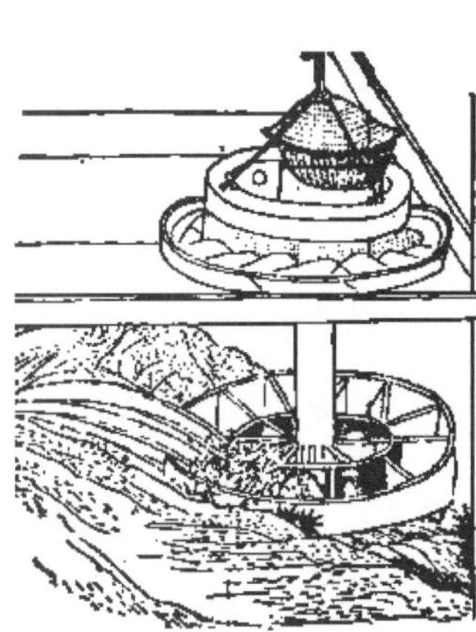

九转连磨

水碓

水碓陶练泥土图

水磨是利用水流推动卧式水轮，进而带动磨盘旋转。为提高效率，后来出现连二水磨，甚至水转连磨。水转连磨装有一个很大的立式水轮，当水流推动该轮时，能同时带动几组小水轮，再由小水轮带动多个磨盘旋转磨面，如用一个水轮带动 9 个磨盘的“九转连磨”。

水排图

3. 水排

水排是以水轮为动力机的冶炼鼓风设备。东汉建武七年（31 年）由杜诗发明，约早于欧洲 1000 年。

冶铁时，必须利用鼓风设备向炉内压送空气以提高温度。应用动力鼓风的设备有一个逐渐演变的过程。最早的鼓风设备是牛皮袋，后发明以活塞压送空气的风箱，因这些设备需用人力加以鼓动，所以称人排。再后来采用畜力鼓动，因多用马，又称马排。东汉时改用水力鼓动，因又称水排。水排代替人排、马排，劳动生产率的提高自不待言。根据当时的统计，马排，用马 100 匹，仅冶铁 120 斤；改用水排，同样的时间内可冶铁 360 斤，功效提高了 3 倍。两晋南北朝时，用水排冶铸成为普遍现象。

在湍急河流的岸边架一木架，木架上直立一个转轴，上下两端各安装一个大型卧轮，下卧轮轮轴四周装有叶板，承受水流，把水力转变为机械转动；上卧轮前面装一鼓形小轮，与上卧轮用“弦索”相连（相当于传送皮带）；在鼓形小轮顶端装一曲柄，曲柄上装一可以摆动的连杆，连杆的另一端与卧轴上的一个“攀耳”相连，卧轴上的另一个攀耳和盘扇间安装一根“直木”（相当于往复杆）。这样，当水流冲击下卧轮时，就带动上卧轮旋转。由于上卧轮和鼓形小轮之间有弦索相连，上卧轮旋转一周，可使鼓形小轮旋转几周，鼓形小轮的旋转又带动顶端的曲柄旋转，这就使得和它相连的连杆运动，连杆又通过攀耳和卧轴带动直木往复运动，使排扇一启一闭，进行鼓风。水排巧妙地把旋转运动转变为往复运动，被西方学者看作是曲柄连杆机构的最早发明。

4. 水转纺车

水转纺车在元代王祯《农书》中始见记载，而有关纺织史的研究表明水力纺车早在宋代即已诞生。

水力纺机体积硕大，主要用于纺麻。动力部分称大轮，即水轮，其构造与水碾水磨相同；纺车部分与一般纺车结构类似，水轮转动后带动纺机工作。根据王祯的记载，一部水力纺车一昼夜纺麻约 50 多公斤。元代，成都平原都江堰灌区的水力纺车数以万计。

水转纺车图

安徽渔梁坝

参考文献

[1] 张文彩 . 中国海塘工程简史［M］. 北京：科学出版社，1990.

[2] 郑肇经 . 太湖水利技术史［M］. 北京：农业出版社，1987.

[3] 郭涛 . 中国古代水利科学技术史［M］. 北京：中国建筑工业出版社，2013.

[4] 周魁一 . 中国科学技术史水利卷［M］. 北京：科学出版社，2002.

[5] 姚汉源 . 中国水利史纲要［M］. 北京：水利电力出版社，1987.

[6] 郑连第 . 中国水利百科全书 · 水利史分册［M］. 北京：中国水利水电出版社，2004.

[7] 张芳 . 中国古代灌溉工程技术史［M］. 太原：山西出版集团 · 山西教育出版社，2009.

[8] 陈述，陈大川 . 京杭大运河图说［M］. 杭州：杭州出版社，2006.

[9] 谭徐明，王英华，李云鹏，邓俊 . 中国大运河遗产构成及价值评估［M］. 北京：中国水利水电出版社，2012.

后记

本书是集体智慧和多方关怀下的结晶。

写作出版过程中，丛书主编靳怀堾，丛书副主编朱海风、吕娟，以及编委会各委员对本书的框架结构和写作风格等方面提出了大量宝贵意见。丛书副主编吕娟还在百忙中审阅书稿，并提出了指导性的修改意见。中国水利水电出版社水文化出版分社社长李亮给予大力支持，并为本书的出版付出了辛劳。在本书付梓之际，谨向所有支持、帮助本书写作出版的前辈和师友们表示诚挚的谢意。

本书写作过程中，参阅了大量文献，并尽可能附于文后，但可能存在遗漏，在此谨向这些参考文献的作者致以谢意。由于作者水平有限，本书难免存在这样或那样的不足与错误，敬请各位专家学者批评指正。

作者

2015 年 2 月

图书在版编目（C I P）数据

图说古代水利工程 / 王英华，杜龙江，邓俊著. --
北京 : 中国水利水电出版社，2015.5
（图说中华水文化丛书）
ISBN 978-7-5170-3448-3

Ⅰ. ①图… Ⅱ. ①王… ②杜… ③邓… Ⅲ. ①水利工
程－中国－古代－普及读物 Ⅳ. ①TV-092

中国版本图书馆CIP数据核字(2015)第168830号

丛 书 名　图说中华水文化丛书
书　　名　图说古代水利工程
作　　者　王英华　杜龙江　邓俊　著
出版发行　中国水利水电出版社
（北京市海淀区玉渊潭南路1号D座 100038）
网址:www.waterpub.com.cn
E-mail:sales@waterpub.com.cn
电话:(010)68367658(发行部)
经　　售　北京科水图书销售中心(零售)
电话:(010)88383994、63202643、68545874
全国各地新华书店和相关出版物销售网点

书籍设计　李菲
印　　刷　北京印匠彩色印刷有限公司
规　　格　215mm×225mm　20开本　9.2印张　175千字
版　　次　2015年5月第1版 2015年5月第1次印刷
印　　数　0001—4000册
定　　价　**60.00元**